大数据预处理：
基于 Python 的应用

DASHUJU YUCHULI: JIYU PYTHON DE YINGYONG

■ 任 韬 刘 帅 编著 ■

首都经济贸易大学出版社
Capital University of Economics and Business Press

·北 京·

图书在版编目（CIP）数据

大数据预处理：基于 Python 的应用／任韬，刘帅编著 . -- 北京：首都经济贸易大学出版社，2022.4

ISBN 978-7-5638-3293-4

Ⅰ.①大⋯　Ⅱ.①任⋯　②刘⋯　Ⅲ.①软件工具-程序设计-教材　Ⅳ.①TP311.561

中国版本图书馆 CIP 数据核字（2021）第 224104 号

大数据预处理：基于 Python 的应用

任韬　刘帅　编著

责任编辑	晓地
封面设计	风得信·阿东 FondesyDesign
出版发行	首都经济贸易大学出版社
地　　址	北京市朝阳区红庙（邮编 100026）
电　　话	（010）65976483　65065761　65071505（传真）
网　　址	http://www.sjmcb.com
E - mail	publish@ cueb.edu.cn
经　　销	全国新华书店
照　　排	北京砚祥志远激光照排技术有限公司
印　　刷	北京建宏印刷有限公司
成品尺寸	170 毫米×240 毫米　1/16
字　　数	212 千字
印　　张	11.5
版　　次	2022 年 4 月第 1 版　2022 年 4 月第 1 次印刷
书　　号	ISBN 978-7-5638-3293-4
定　　价	39.00 元

编 委 会

(按姓氏汉语拼音排序)

☌总序

　　当前,以人工智能和大数据技术为代表的新一轮科技革命正在重塑全球的社会经济结构,"数据"是这个过程中最重要、最有活力的生产要素。如何高效发挥大数据的作用并实现其价值,成为社会各界必须面临和思考的重要问题。除实验、理论和仿真之外,新的科学研究范式——"数据科学"因此应运而生。数据科学与大数据技术同人工智能一道,将成为改变人类社会活动和改变世界的新引擎。

　　世界主要发达国家已把发展数据科学与大数据技术作为提升国家竞争力、维护国家安全的重大战略,加紧出台了规划和政策,围绕核心技术、顶尖人才、标准规范等强化部署,力图在新一轮国际科技竞争中掌握主导权。2015 年 8 月,我国国务院印发的《关于促进大数据发展行动纲要》明确了发展大数据的指导思想、发展目标和发展任务,标志着大数据正式上升为国家核心战略。同年 10 月,《中共中央关于制定国民经济和社会发展第十三个五年规划的建议》提出要"实施国家大数据战略,推进数据资源开放共享",标志着大数据正式成为"十三五"规划的核心内容。2016 年的政府工作报告中也专门提出"促进大数据、云计算、物联网广泛应用",这就意味着自 2014 年首次进入政府工作报告以来,大数据连续三年受到我国政府的高度关注。在党的十九大报告中,习总书记强调要推动互联网、大数据、人工智能和实体经济深度融合,在中高端消费、创新引领、绿色低碳、共享经济、现代供应链、人力资本服务等领域培育新增长点,形成新动能。2017 年,国务院印发的《新一代人工智能发展规划》中指出,要抢抓人工智能发展的重大战略机遇,构筑我国人工智能发展的先发优势,加快建设创新型国家和世界科技强国,并提出了我国人工智能发展的重点任务之一就是加快培养人工智能高端人才。然而在我国数据科学与大数据技术、人工智能领域发展过程中仍旧面临着众多制约因素。

　　在国务院印发的《新一代人工智能发展规划》的重点任务中,明确提出要研究统计学习基础理论、不确定性推理与决策、分布式学习与交互、隐私保护学习、小样本学习、深度强化学习、无监督学习、半监督学习、主动学习等学习理论和高效模型,并统筹布局概率统计、深度学习等人工智能范式的统一计算框架平台和人工智能创新平台。

数据科学与大数据技术是一个需要具备多方面学科知识背景并涉及多个应用领域的交叉专业。当前我国共有 280 多所高校在工学和理学学科门类中开设数据科学与大数据技术本科专业，培养掌握统计学、计算机科学、数学等主要知识、符合国家发展战略的重大需求的高级人才。相对于其他成熟的本科专业，数据科学与大数据技术人才的稀缺成为制约大数据领域发展的重要因素，是当前亟须解决的重大问题。

数据科学与大数据技术本科专业的建设实际上是一场教育革命，是受业界需求驱动形成的，其理论基础、课程体系和知识结构框架均处于探索阶段。但有一点非常明确，"实践"是学习该专业最重要、最高效的方式，这也成为本套教材——"普通高等教育数据科学与大数据技术专业'十三五'规划教材"的编写导向。这不仅需要学生夯实统计学、应用数学以及计算机科学等学科的基础，也需要学生具备大数据所服务行业的相关知识积累和实践经验。只有掌握多学科融会贯通的能力，才能真正成为一个有思想的数据科学家。

为了探索学科人才培养模式，北京大学、中国人民大学、中国科学院大学、中央财经大学和首都经济贸易大学在 2014 年共同搭建了"大数据分析硕士"培养协同创新平台。在不断的摸索中，一套科学完整的课程体系逐渐建立起来。随后，相关课程也在全国多所院校中实施，成为我国大数据技术高端人才培养体系的蓝本。

为紧跟科学技术的发展潮流，引领中国大数据理论、技术、方法与应用，在北京大数据协会及相关机构的组织下，开展了教材编写的大量前期国内外调研工作，并于 2017 年 6 月在云南举办了"第一届全国数据科学与大数据技术本科专业建设研讨会"，展示了调研成果，为中国数据科学与大数据技术人才培养奠定了基础。为进一步厘清该专业的培养方案和课程内容建设的目标和路径，从培养方案、课程体系、培养过程、教材建设等方面深入交流探讨，于 2019 年 5 月在北京召开了"第二届全国数据科学与大数据技术本科专业建设研讨会"，会上正式发布了本套系列教材。

本套教材凝聚了全国相关院校数据科学与大数据技术领域著名专家和学者的智慧和力量。在教材编写过程中更加关注的是数据分析思想的引导，体现数据分析的艺术，侧重于从数据和案例出发，厘清数据分析的基本思路，这样能够让读者更好地理解各种假设、公式、定理和模型背后的逻辑。为了结合现实需求，每本教材均配套相关的 Python 编程代码，让读者在练中学、学中练的过程中夯实基础，积累经验，提升竞争力。尽管编写人员投入了大量的心血，但教材内容还需不断突破和完善，希望能够得到各位专家和同行的批评指正，共同实现此套教材满足教学需求的编写宗旨。

　　本套系列教材是集体创作的成果。感谢编委会成员和其他编写人员的辛勤付出，以及北京大学出版社和首都经济贸易大学出版社的大力支持。希望此套教材能对广大教师和学生及各数据科学领域的从业人员具有重要的参考价值。

北京大数据协会会长

王元宏

2019 年 9 月

前言

　　当今时代,数据资源变得如此重要,已经成为推动经济高质量发展的重要生产要素,与之相适应,数据科学成为人们津津乐道的概念。在众多关于数据科学的定义和解释中,笔者非常赞同最简单的那一个:"数据科学是一门将数据变得有用的学科。"要想让数据变得有用,至少要经历数据获取(采集)、数据预处理、数据分析(建模),以及对数据分析结果的展示及应用四个阶段。在这四个阶段中,传统观点往往将数据预处理视为一个辅助过程而被人们所忽视,以至于广大读者很难在市场上找到一本专门讨论数据预处理的书籍。然而在大数据时代到来以后,实践领域的经验告诉我们,大数据环境下数据预处理不再是可有可无的过程,通过预处理既要完善并简化所获取的数据,使之能够用于分析;又要根据分析的需要改变数据的状态和属性,提升其分析价值并降低信息挖掘难度。因此,数据预处理是数据分析过程的重要步骤,预处理质量和效果直接决定了数据分析结果的价值。

　　本书站在数据分析全过程的视角介绍在数据预处理过程中最常见的工作内容和操作方法,全书分为八章,具体内容如下:

　　第 1 章,大数据预处理概述。本章介绍大数据预处理的目的和主要内容,并介绍了本书使用到的案例数据集。

　　第 2 章,缺失值及其处理方法。本章首先介绍数据缺失的原因和对数据分析的影响,继而介绍使用简单统计量、聚类分析模型、回归模型、GBDT 模型等对缺失值进行填补的方法;最后介绍提取缺失值信息的目的及方法。

　　第 3 章,数据纠错与格式处理。本章首先介绍数据错误的种类、概念,以及日期时间型数据的概念;然后分别具体介绍数据逻辑纠错、格式纠错的方法和 Python 中日期时间型的特征及应用方法。

　　第 4 章,数据类型转换。本章首先介绍数据类型转换的含义及作用,数据及其变量的类型;然后具体介绍如何使用客观法和主观法对数据进行离散化,以及定性变量形式间转换的方法。

　　第 5 章和第 6 章,介绍四种异常分布数据的概念、特征、影响和对其进行处理的方法。这四种异常分布数据分别为低频分类数据、高偏度数据、异常值和不平衡数据。

第 7 章,数据特征缩放。本章将分别介绍五种数据特征缩放方法,分别为数据中心化、数据标准化、Min-Max 缩放、Max-ABS 缩放和 Robust 缩放。

第 8 章,数据归约。本章介绍使用统计量、树模型和 Lasso 算法三种方式实现变量的筛选,以及基于寻找"足够的样本量"方法的样本归约方法,最后对"伪自变量"这一概念进行了阐述,并介绍识别伪自变量的方法。

本书包含大量案例,使用 Python 语言在 Jupyter Notebook 环境中编写相关代码,请读者自行安装并配置 Python3 以上的编程环境①。在本书各章节中所包含的代码实例均使用类似"代码×.×"形式编号,代码会展示在以灰色为底色的矩形框中;除图、表形式以外的代码执行结果也展示在以灰色为底色的矩形框中,并以"代码执行结果×.×"形式编号;图、表形式的代码执行结果则以"图×.×"和"表×.×"形式编号。在每章第一节将介绍该章用到的代码库。读者基于以上信息,可以在自己的电脑中配置实验环境,并基于本书的案例代码和数据进行练习。

本书在撰写过程中,得到首都经济贸易大学统计学院周振坤老师的很多帮助,在此表示由衷的感谢。虽然笔者对于本书倾注了大量热情和努力,但由于自身水平有限,书中难免会存在许多的不足甚至错误,恳请广大读者批评指正!

本教材为使用者准备了相关辅助性学习资料,需要者可与首都经济贸易大学出版社联系。

---

① 读者可以参照《Python 数据分析基础(第 2 版)》(阮敬编著,中国统计出版社,2018 年 8 月出版)中 1.1 节的内容配置自己的 Python 编程环境。

目　录

◆ 1 大数据预处理概述

◆ **学习目标:**

1. 了解大数据预处理的含义;
2. 了解大数据预处理的目的;
3. 了解大数据预处理的主要内容。

1.1 大数据预处理的目的和主要内容

在大数据时代,人们充分认识到数据分析的重要性,"数据科学家"成为职场明星。一时间广大学子和专业人士纷纷投身其中,嘴里念着"机器学习""深度学习""XGBoost"等"高大上"的模型名称,手中捧着汗牛充栋的各类数据分析专业书籍。然而在这一片繁荣里,在数据分析工作量中占很大比例的数据预处理过程却经常被忽视。本章将首先介绍大数据预处理的目的和主要内容,然后集中介绍在本书中会用到的案例数据集。

1.1.1 大数据预处理的目的

数据预处理(data preprocessing),是指在数据分析前需要对数据进行的处理工作。而所谓的"大数据预处理",其基本思想与数据预处理没有区别,在实现过程中,一方面,为提高数据分析模型的效率而在数据降维、配平等方面进行重点处理;另一方面,需要考虑大数据的特点而对预处理算法进行优化。

关于数据预处理,目前无论是学术界还是业界都没有非常具体的定义。通常来说,"数据预处理"更像是一个基于流程的概念,即在数据采集后、分析前这段时间里对数据进行的处理操作。作为一个中间过程,数据预处理往往占据数据分析项目总工作量(见图 1.1)的 60%以上,且数据预处理的效果与数据分析顺利与否直接相关,因此是每一位数据科学家都不能忽视的部分。

数据预处理不是一个独立的过程,其目的与数据分析紧密相关,总结起来有如下三点:

图 1.1　数据分析项目基本工作流程

(1)完善数据。识别并改正数据中存在的逻辑、格式等错误,对缺失值进行处理,对不平衡数据进行配平等,使数据集能够满足分析建模的质量和数据形式要求。

(2)简化数据。对变量或样本进行归约,使数据集得以简化,提高建模分析的效率。

(3)提高数据信息含量。基于分析需求,对数据特征进行缩放或对连续型数据进行离散化,提高数据信息含量,进而提高数据分析模型的准确性。

1.1.2　大数据预处理的主要内容

大数据预处理的目的是完善有缺陷的数据、简化过于复杂的数据和提高数据信息含量。下面从这三个方面梳理大数据预处理的主要内容。

1.1.2.1　完善数据

在现实工作场景中,数据分析人员获得的数据变量往往有缺陷,主要包括以下六种。

(1)包含缺失值。缺失值即数据集中的变量在某些样本上没有相应的值。产生缺失值的原因很多,既有客观条件导致的缺失值,也有主观原因造成的缺失值。缺失值使得数据集信息含量降低,还会使一些模型无法应用,因此在预处理阶段必须进行处理。缺失值处理的主要手段就是使用最接近的值进行填补,但如何确定与缺失的数据最接近的值呢? 本书将在第 2 章介绍简单统计量、聚类分析模型、线性回归模型和 GBDT 模型四种缺失值填补的方法。

(2)包含各种错误。在现实场景下,数据中存在错误几乎是不可避免的情况。根据错误的形式,本书将错误分为逻辑错误和格式错误两种类别,逻辑错误主要体现的是"数据打架"的现象,即数据之间存在互相矛盾的关系;格式错误主要体现的是数据类型、分类变量类别或特定数据格式的混乱等现象。产生数据错误的原因非常多,数据错误的形式也五花八门,因此很难找到几个非常具体的方法能够涵盖数据纠错的各种情况。本书将在第 3 章针对这两类数据错误提出一些纠错思路。

(3)包含低频类别。这类数据即低频分类数据,指在分类型变量中属于某些类别的样本值非常少的现象。形成低频分类数据的原因或是由于数据采集时发生错误,导致产生只包含一个样本的类别;或是由于某些类别确实仅包含了极少样本。如果是数据错误导致的低频类别,可以参照第 3 章介绍的思路予以纠错,也可以按照第 5 章介绍的方法,无论是否是真实的低频类别,都应将其进行合并处理,避免干扰数据模型的训练。

(4)具有较高的偏度。这类变量的数据分布相对其分布中心具有较高的偏离程度。经验表明,使用偏度较高的数据对模型进行训练会降低模型的预测精度,因而应当在预处理阶段对其进行纠偏。本书将在第 5 章介绍变量偏度的观察、测量和纠正方法。

(5)包含异常值。异常值指的是变量中那些特别大或特别小的值。异常值通常是正确的数据,只是这些数据比变量中的大多数数据都特殊。但也存在由于数据错误形成异常值的情况(例如,小数点位置错误)。异常值的存在会影响模型对统计规律的表达,在以刻画数据统计规律为目标的研究中需要识别出异常值并进行截断处理;而在其他场景下往往仅需要将异常值识别出来即可。本书将在第 5 章介绍相关内容。

(6)数据不平衡。在以二分类(0-1 分类)变量为因变量的研究中,经常会出现某一个类别样本数量远高于另一个类别的情况(即出现了低频类别),这种数据不平衡现象会严重影响模型训练和预测的准确性,因此需要在数据预处理阶段进行有效的配平,消除不良影响。本书将在第 6 章介绍不平衡数据配平的相关方法。

1.1.2.2 简化数据

大数据的最大特征就是"大",即数据集的行和列都非常多。对于建模来说,通常的思想是数据多多益善,数据越多越能获得好的建模效果。然而在很多应用场景下,过多的数据会导致模型训练效率低下,同时对模型精度的提升并不明显。此时就需要使用一些方法对数据进行简化。下面从两个方面讨论简化数据的思路和方法。

(1)数据包含过多变量。当变量过多时,会导致模型过于复杂,模型训练时间会过长。如果能够在不过分降低数据集信息含量的基础上减少变量数量,无疑将会有效地提高建模效率。因此在预处理阶段,经常要针对变量过多的情况进行变量选择(也可以称作数据降维),在这一过程中,最需要注意的是保证数据集信息不过多损失。在本书第 8 章将介绍使用统计量、树模型和 Lasso 算法进行变量选择的方法。

(2)数据包含过多样本。如果说变量选择还是比较被人所熟知的预处理操作的话,数据的样本归约则属于比较小众的类型。因为一般观念都认为样本数量越多越好,甚至很多观点都认为这正是大数据的最大优势。从信息含量角度来说,这一观点确实是合理的,但信息含量与样本量并不是呈固定比例增加,而往往是在样本量增加到一定程度后,信息含量趋近于不变。这种情况下,一味地增加样本量其实是得不偿失的。在本书第 8 章将介绍样本归约的思路和方法。

1.1.2.3 提高数据信息含量

数据分析的目的是从数据中挖掘出有价值的信息。然而很多时候,数据中的信息藏得很深,并不容易挖掘到。在预处理环节,可以通过对变量的处理降低信息挖掘的难度,从这个意义上可以说是提高了数据信息的含量。这类数据预处理主要有以下三种情况。

(1)连续型数据需要离散化为定性数据。数据可以粗略地分为定量和定性两种类型。在对定量数据进行分析时往往将其看作连续型数据,从而使其具有良好的数学性质。然而在很多分析场景中,连续型数据不见得更利于信息的提取。例如,学生最为熟悉的“60 分及格”,即按照 60 分作为标准将连续型“成绩”数据划分为“及格”和“不及格”两个类别。这时使用定性的“及格”和“不及格”形式作为变量的值,往往更利于分析。本书第 4 章将介绍主观和客观两种将连续型数据离散化为定性数据的方法。

(2)分类型数据需要转化其变量形式。与上一种情况类似,有时定性变量也需要转化为特定形式,例如,将多分类定性变量转变为哑变量,以及将顺序型变量转变成得分变量。通过这些处理过程,可以使数据更好地适应一些特定模型,从而得到更加有利于解释应用的结果。本书第 4 章将介绍相关方法。

(3)数据特征需要进行缩放。对于连续型数据,其数据的尺度、范围、单位等特征是由数据获取时的测量方法、标准等确定的。但在很多分析场景中,具有不同数据特征的变量很难纳入同一个分析体系中。这时就需要按照一定标准对数据特征进行缩放,消除数据间的特征差异,同时又保留每个变量自身的分布特点。本书第 7 章介绍了数据中心化、数据标准化、Min-Max 缩放、Max-ABS 缩放和 Robust 缩放五种方法,足以应对大多数数据特征缩放的需求。

1.2　本书主要使用的数据集

1.2.1　保险公司理赔数据集

保险公司理赔数据集是一个经过脱敏和截取处理的真实数据集,包含了2009 年 9 月至 2015 年 10 月某保险公司的理赔数据,共有 6 个变量,401 959 行数据。该数据集保存在文件 "loan.csv"中,代码 1.1 提供了使用 Pandas 库中的read_csv( )函数读取该数据集的代码。该数据集主要在第 3 章中使用。

代码 1.1

```
data= pd. read_csv(r"/Users/Taoren 1/CaseData/loan.csv",
                    header=0, encoding="gb2312")
```

表 1.1 显示了保险公司理赔数据集的某几行数据,数据集包含的 6 个变量分别为:

(1)age:被保险人年龄;

(2)gender:被保险人性别;

(3)amount:出险后的理赔额,单位为元;

(4)address:被保险人所属地区(一般包括省、市、县三级);

(5)channel:保单投保渠道;

(6)date:发生日期。

表 1.1　保险公司理赔数据集

age	gender	amount	address	channel	date
45	男	258 852.386	安徽省合肥市长丰县	个险	2015/10/1
25	女	29 281.14	湖北省黄石市大冶市	个险	2015/10/1
35	男	110 266.8 541	安徽省安庆市望江县	个险	2015/10/1
51	女	21 710.584 64	辽宁省抚顺市新宾满族自治县	个险	2015/10/1
44	男	125 923.282 8		个险	2015/10/1
41	男	35 522.862	山东省菏泽地区郓城县	个险	2015/10/1
42	女	92 227.840 11	山西省晋中地区灵石县	个险	2015/10/1
45	女	52 468.467 4	山西省运城地区临猗县	_NULL_	2015/10/1

续表

age	gender	amount	address	channel	date
43	男	53 025. 93		个险	2015/10/1
58	女	34 551. 376 11		银行邮政	2015/10/1
26	女	75 406. 071 24	吉林省四平市双辽市	个险	2015/10/1
⋮	⋮	⋮	⋮	⋮	⋮

1.2.2 二手车数据集

"二手车数据集"(Used Cars Dataset)[①]来自美国著名的免费广告网站 Craigslist,人们通过在这个网站上发布帖子售卖自己的二手车。该数据集中的数据完全是由网站用户自行填写的,因此存在大量诸如不规范格式、异常值、低频分类、不平衡数据等缺陷,在本书的大多数章节均会使用到该数据集。

该数据集保存在文件"craigslistVehiclesFull.csv"中,使用 Pandas 库中的 read_csv( )函数(代码 1.2)可以读取。

代码 1.2

```
car_data =
pd. read_csv(r"d:/CaseData/craigslistVehiclesFull.csv",
header=0 ) # 读取数据
```

表 1.2 展示了该数据集的 14 行数据和部分变量。实际上这个数据集包含了 26 个变量和超过 170 余万条数据,由于排版限制,表中只展示了在本书的讲解中会用到的一些变量,读者还可以使用这个数据集中的其他变量进行进一步练习。

表 1.2 二手车数据集(部分变量和样本)

manufacturer	make	price	odometer	fuel
dodge	challenger se	11 900	43 600	gas
	fleetwood	1 515		gas

---

① 读者可由链接 https://www.kaggle.com/austinreese/craigslist-carstrucks-data 进一步了解该数据集的信息。

manufacturer	make	price	odometer	fuel
ford	f-150	17 550		gas
ford	taurus	2 800	168 591	gas
	2001 Grand Prix	400	217 000	gas
gmc	yukon	9 900	169 000	gas
jeep	patriot high altitude	12 500	39 500	gas
bmw	3 series	3 900	0	gas
	Ebike	2 700		electric
ford	excursion	12 995	236 000	gas
chev	express 2500 van	4000	138000	gas
chevrolet	2500 hd	13000	350000	diesel
hyundai	sonata	21695	44814	gas
chevrolet	camaro	18000		gas
hyundai	santa fe xl	29000	31500	gas
chev	cobolt	4500	103456	gas
honda	cr-v exl	9865	193599	gas
ram	1500 laramie	41896	38578	gas
acura	mdx navi	44678	37230	gas
bmw	x1 28i	32546	39555	gas
⋮	⋮	⋮	⋮	⋮

表 1.2 中的变量含义分别为：

（1）manufacturer：车辆生产商；

（2）make：车辆型号；

（3）price：车辆价格，单位为美元；

（4）odometer：车辆行驶总里程，单位为英里；

（5）fuel：车辆燃料类型，包括汽油（gas）、柴油（diesel）、电（electric）等。

1.2.3　信用卡欺诈检测数据集

"信用卡欺诈检测数据集"（Credit Card Fraud Detection）①显示了 2013 年 9

---

① 读者可由链接 https://www.kaggle.com/mlg-ulb/creditcardfraud 进一步了解该数据集的信息。

月某两天在欧洲的持卡人通过信用卡进行交易的情况。在总共 284 807 笔交易中,有 492 笔被标记为欺诈交易(Class = 1),其余被标记为正常交易(Class = 0)。对于信用卡公司来说,如果能够及时识别出某笔交易为欺诈交易,则可以中断该交易的进行,从而在保护信用卡持卡人利益的同时也减少自身的损失。

出于脱敏的目的,该数据集中多数变量都是由原始变量经过主成分分析(PAC)转换而成的,这样的变量共有 28 个,用 V1,V2,…,V28 表示。保持原始状态的变量有三个,分别为 Time、Amount 和因变量 Class(见表 1.3)。

表 1.3 信用卡欺诈检测数据集

Time	V1	V2	…	V27	V28	Amount	Class
0	−1.360	−0.073	…	0.134	−0.021	149.62	0
0	1.192	0.266	…	−0.009	0.015	2.69	0
1	−1.358	−1.340	…	−0.055	−0.060	378.66	0
1	−0.966	−0.185	…	0.063	0.061	123.50	0
2	−1.158	0.878	…	0.219	0.215	69.99	0
2	−0.426	0.961	…	0.254	0.081	3.67	0
4	1.230	0.141	…	0.035	0.005	4.99	0
7	−0.644	1.418	…	−1.207	−1.085	40.80	0
7	−0.894	0.286	…	0.012	0.142	93.20	0
9	−0.338	1.120	…	0.246	0.083	3.68	0
10	1.449	−1.176	…	0.043	0.016	7.80	0
⋮	⋮	⋮	⋮	⋮	⋮	⋮	⋮

代码 1.3 中包含了读取数据集的相关代码。

代码 1.3

```
credit = pd.read_csv(r"/CaseData/creditcard.csv",
                     header=0, encoding="utf8")
```

"信用卡欺诈检测数据集"存在着典型的不平衡数据情况,同时也存在异常值等数据缺陷,在第 5、6、8 章都会使用。

1.2.4 波士顿房价数据集

波士顿房价数据集包括 14 个变量(见表 1.4),506 个样本,取自卡内基梅隆大学维护的 StatLib 库,是很多教材、论文选用的示例数据,在本书的第 2 章和第 5 章会使用。该数据被内置在代码库 scikit-learn 中,数据集的读取方法见代码 1.4。

表 1.4 波士顿房价数据集

序号	CRIM	ZN	INDUS	CHAS	NOX	RM	AGE
0	0.00632	18	2.31	0	0.54	6.58	65.20
1	0.02731	0	7.07	0	0.47	6.42	78.90
2	0.02729	0	7.07	0	0.47	7.19	61.10
3	0.03237	0	2.18	0	0.46	7.00	45.80
4	0.06905	0	2.18	0	0.46	7.15	54.20
⋮	⋮	⋮	⋮	⋮	⋮	⋮	⋮
501	0.06263	0	11.93	0	0.57	6.59	69.10
502	0.04527	0	11.93	0	0.57	6.12	76.70
503	0.06076	0	11.93	0	0.57	6.98	91.00
504	0.10959	0	11.93	0	0.57	6.79	89.30
505	0.04741	0	11.93	0	0.57	6.03	80.80

序号	DIS	RAD	TAX	PTRATIO	B	LSTAT	target
0	4.09	1	296	15.30	396.90	4.98	24.00
1	4.97	2	242	17.80	396.90	9.14	21.60
2	4.97	2	242	17.80	392.83	4.03	34.70
3	6.06	3	222	18.70	394.63	2.94	33.40
4	6.06	3	222	18.70	396.90	5.33	36.20
⋮	⋮	⋮	⋮	⋮	⋮	⋮	⋮
501	2.48	1	273	21.00	391.99	9.67	22.40
502	2.29	1	273	21.00	396.90	9.08	20.60
503	2.17	1	273	21.00	396.90	5.64	23.90
504	2.39	1	273	21.00	393.45	6.48	22.00
505	2.51	1	273	21.00	396.90	7.88	11.90

代码 1.4

```
# scikit-learn 内置的 boston house-prices dataset
# 使用 load_boston().feature_names 获得变量名
# 使用 load_boston().data 获得数据并转化为 Pandas 数据框
# 使用 load_boston().target 获取因变量数据
boston = pd.DataFrame(load_boston().data,
                    columns = load_boston().feature_names)
boston["target"] = load_boston().target
```

❖❖ 2 缺失值及其处理方法

◆ **学习目标：**

1. 了解缺失值的原因及影响；
2. 了解缺失值信息的含义；
3. 掌握使用简单统计量对缺失值进行填补的方法；
4. 掌握建立模型对缺失值进行填补的方法；
5. 掌握提取缺失值信息的方法。

2.1 概述

在现实数据环境中,存在缺失值是数据集的常态现象,而没有缺失值才是较为少见的情况。因此几乎每次数据预处理工作都会包含缺失值处理这一步骤。本节讨论产生缺失值的原因和影响,并介绍在本章中会用到的代码库和数据集。

2.1.1 缺失值产生的原因及影响

2.1.1.1 缺失值的含义

缺失值(missing value)是指在对数据进行采集时由于主观或客观原因没有成功采集的数据。在数据采集时,某个样本应当被采集到,但由于技术失误或被调查对象不配合等主客观原因,甚至是由于该数据不存在而未能成功采集,此时该数据即为缺失值。在数据集中,一般将缺失值同样视为一个样本值。

广义上看,数据集中缺失值的形态有两种:一种为整个样本(行)的缺失,又称为数据丢失,这种缺失一般是由于数据采集设备的故障导致的,其检测和处理应当在数据获取和存储阶段进行,一般不是数据预处理需要考虑的问题,因而本书不予讨论;另一种缺失值的情况为变量(列)中某些值的缺失,本书将对这种情况的处理方法进行介绍。

2.1.1.2　缺失值的类型

(1)完全变量与不完全变量。

完全变量:不包含缺失值的变量。

不完全变量:包含缺失值的变量。

(2)缺失值的三种类型。

完全随机缺失(missing completely at random, MCAR):缺失值的产生与其本应该具有的真实值无关,也与其他变量在该行的值无关,即数据的缺失不受任何内部和外部因素的影响。

例如,某调查项目对某商场消费者进行面访调查,在整理问卷时不小心打翻墨水瓶,导致部分问卷的部分问题污损。在这种情况下,如果某几位被调查者的"消费额"变量产生了缺失值,则该值的缺失纯粹是由于意外,与该值本身实际值的大小无关,也与其他变量(如该消费者的性别、年龄等)无关。因此这种缺失记为完全随机缺失(MCAR)。

随机缺失(missing at random, MAR):缺失值的产生仅仅依赖于其他变量,即受本变量以外因素的影响。

例如,在同样的调查项目中,还发现某些消费者在变量"年龄"上的数据缺失,经过简单分析发现年龄数据的缺失与另一变量"性别"有关,大多数发生年龄数据缺失的被调查者为女性。由于该调查项目采取的是面访形式,因此在接受调查时很多女性被调查者不愿意告知调查员其年龄(对于很多女性来说,年龄是敏感信息),因而产生了缺失值,该缺失值与被调查者自己年龄的大小关系并不大,因而属于随机缺失(MAR)。

非随机、不可忽略缺失(not missing at random, NMAR or Nonignorable)：缺失值的产生依赖于该变量自己,即受本变量内部因素的影响,这种缺失值是不可忽略的。

例如,同样是在该调查项目中,某些消费者在变量"收入"上产生了缺失值,经过分析发现,没有缺失的收入数据大多属于中等收入水平,因而推测收入很高或很低的消费者可能会拒绝回答该问题,这种缺失值产生的原因来自变量自身,属于非随机、不可忽略缺失(NMAR)。

2.1.1.3　产生缺失值的原因

产生缺失值的原因很多,多与数据采集方式有关,难以进行完善的分类。本书介绍几种产生缺失值的原因,虽不完善,但可供读者参考。

机械原因:在数据存储过程中,由于设备故障造成存储失败。

人为原因:在数据采集、记录过程中由于人为疏忽造成录入失败。

上述两个原因具有随机特性,因而无法完全避免。

客观原因:在数据采集过程中,由于一些客观原因造成的数据获取失败,例如,在医学研究中被观察的患者因病去世,或被调查者因为没有固定电话而无法提供固定电话号码等。

主观原因:在数据采集中,由于观察或调查对象主观原因造成的数据获取失败。例如,被调查者拒绝回答敏感问题,社会学研究中观察对象主动终止某种行为等。

2.1.1.4　缺失值的影响

一般认为,缺失值会对建模分析产生不利影响,主要有:

第一,丢失信息,造成模型解释能力下降。

第二,包含缺失值的数据集表现出的不确定性与不包含缺失值的数据集相比显著增大。

第三,使某些模型建模失败,算法无法运行。

但是在一些分析场景下,由于数据的缺失存在某种规律,因而可能包含了有价值的信息。例如,在研究信用卡持卡人的数据时,会发现一些持卡人的某些信息发生缺失,如果这种缺失存在某种特征,且这一特征还与持卡人的一些特定行为(逾期还款、恶意透支等)具有显著的联系,则缺失信息同样可以作为预测这些行为的因素,从而同样具有分析价值。

2.1.1.5　Python 中缺失值的形式

不同系统环境中缺失值表示形式不同。在数据库中为 Null,在 R 语言中为 NA 或 NaN。在 Python 中,默认的缺失值形式为 None,在 Numpy 或 Pandas 中为 NaN(Not a Number)。在 Python 环境中一般都使用 Pandas 进行数据的管理,因而 NaN 是本书中的缺失值形式。

需要注意的是,在 Pandas 中将缺失值 NaN 视为浮点型(float)数值,因此若某整数型(int)变量出现了缺失值,则该变量会被强制转换为浮点型,从而可能会导致一些错误。但从 Pandas0. 24 版本以后,新增了数据类型"Int64",可以令整数型数据也包含缺失值。

特别需要说明的是,空字符串"△"不是缺失值,空字符串其实也是字符串类型的数据实体,只是其中没有字符而已,而缺失值是没有数据类型的非实体。

2.1.2　本章使用的代码库和数据集

本章的示例代码中会用到 Pandas、Numpy、scikit-learn 和 random 代码库,见

代码 2.1。

代码 2.1

```
import pandas as pd
import numpy as np
import random
from pandas. api. types import is_float_dtype
from sklearn. datasets import load_boston
from sklearn. cluster import KMeans
from sklearn. linear_model import LinearRegression
from sklearn. ensemble import GradientBoostingRegressor
from sklearn. metrics import mean_squared_error
```

在数据方面,本章使用 scikit-learn 内置的波士顿房价数据集(boston house-prices dataset)和二手车数据集。

2.1.2.1 波士顿房价数据集

波士顿房价数据集本身数据质量较好,没有缺失值。为了进行操作演示,笔者对数据集中的变量 LSTAT 进行处理,随机生成了 10 个缺失值,供后续各种缺失值填补方法的演示及评估填补效果所用。数据集的读取和缺失值生成方法见代码 2.2。

代码 2.2

```
# scikit-learn 内置的 boston house-prices dataset
# 使用 load_boston(). feature_names 获得变量名
# 使用 load_boston(). data 获得数据并转化为 Pandas 数据框
# 使用 load_boston(). target 获取因变量数据
boston = pd. DataFrame(load_boston(). data,
                       columns = load_boston(). feature_names)
boston["target"] = load_boston(). target
# 基于该数据集构造缺失值示例
sample = random. sample(range(boston. shape[0]), 10)
true_value = boston. loc[sample, "LSTAT"]    # 保存缺失值的真值用于验证
boston. loc[sample, "LSTAT"] = np. nan   # 令"LSTAT"随机产生 10 个缺失值
boston_raw = boston. copy()  # 建立副本保存缺失值原始状态
true_pd = pd. DataFrame(data = {"True_LSTAT":true_value})
```

续

```
# 显示包含缺失值的部分数据集
true_pd = boston.iloc[true_value.index,-8:-1].merge(true_pd,
                                          how = "left",
                                          left_index = True,
                                          right_index = True)
print("缺失值情况:\n%s" % round(true_pd,2))
```

在代码 2.2 中,将变量 LSTAT 的原始值保存在 true_value 中,以便在填补完成后与填补的值进行对比,从而评估填补效果。这段代码执行结果见代码执行结果 2.1。从执行结果中可以看到,在被选出的 10 个样本中,变量 LSTAT 的值已经被替换为缺失值了。

代码执行结果 2.1

```
缺失值情况:
        AGE   DIS   RAD   TAX    PTRATIO    B       LSTAT   True_LSTAT
249    17.5   7.83  7.0   330.0   19.1    393.74    NaN       6.56
104    90.0   2.42  5.0   384.0   20.9    392.69    NaN      12.33
389    98.9   1.73  24.0  666.0   20.2    396.90    NaN      20.85
176    47.2   3.55  5.0   296.0   16.6    393.23    NaN      10.11
98     36.9   3.50  2.0   276.0   18.0    393.53    NaN       3.57
77     45.8   4.09  5.0   398.0   18.7    386.96    NaN      10.27
204    31.9   5.12  4.0   224.0   14.7    390.55    NaN       2.88
434    95.0   2.22  24.0  666.0   20.2    100.63    NaN      15.17
119    65.2   2.76  6.0   432.0   17.8    391.50    NaN      13.61
229    21.4   3.38  8.0   307.0   17.4    380.34    NaN       3.76
```

使用代码 2.3 可以对波士顿房价数据集中的缺失值进行概览,其运行结果见代码执行结果 2.2。从执行结果可以看到变量 LSTAT 的缺失值数量为 10,其他变量则没有包含任何缺失值。

代码 2.3

```
# boston house-prices dataset 缺失值概览
missing_boston = boston.isna().sum()
print("变量缺失值计数:\n%s" % missing_boston)
```

代码执行结果 2.2

```
缺失值计数：
CRIM       0
ZN         0
INDUS      0
CHAS       0
NOX        0
RM         0
AGE        0
DIS        0
RAD        0
TAX        0
PTRATIO    0
B          0
LSTAT      10
Target     0
dtype: int64
```

2.1.2.2　二手车数据集

本章还应用了二手车数据集，这个数据集中包含了 26 个变量和超过 170 万条数据。该数据集代码的读取即缺失值概览方法见代码 2.4,代码的执行结果见代码执行结果 2.3。从代码的执行结果来看,该数据集中大多数变量都包含缺失值,且缺失值数量较大。

代码 2.4

```
# 读取二手车数据集
car_data= pd. read_csv(r"d:/craigslistVehiclesFull. csv",header=0)
car_data_raw= car_data. copy() # 建立副本保存数据集原始状态
# 二手车数据集缺失值概览
missing_car = car_data. isna(). sum()
print("变量缺失值计数:\n%s" % missing_car)
```

代码执行结果 2.3

```
变量缺失值计数：
url                          0
city                         0
price                        0
year                      6315
manufacturer            136414
make                     69699
condition               700790
cylinders               691291
fuel                     10367
odometer                564054
title_status              2554
transmission              9022
vin                    1118215
drive                   661884
size                   1123967
type                    702931
paint_color             695650
image_url                    1
lat                          0
long                         0
county_fips              58833
county_name              58833
state_fips               58833
state_code               58833
state_name                   0
weather                  59428
dtype: int64
```

2.2　缺失值的填补

　　对于变量中存在的缺失值,多数情况下要尽可能地进行填补,从而保留该变量非缺失部分所包含的信息。本节将分别介绍缺失值填补的原因和思路,然后逐一详细介绍使用简单统计量、聚类方法、模型拟合值进行缺失值填补的原

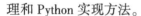
理和 Python 实现方法。

2.2.1 缺失值填补概览

对于缺失值，最简单的处理方法莫过于将包含缺失值的样本直接删除，但是这样做会产生非常多的问题。对于抽样数据，删除缺失值会导致样本数据分布被改变，从而影响其代表性。对于拥有较多变量的数据集，如果包含缺失值的变量(列)较多，则样本(行)中含有缺失值的可能性会大大增加，此时删除包含缺失值的样本会造成数据集中的大量数据被删除，从而损失过多信息。例如，在二手车数据集中，样本总数为 172 万余个，而其中完全不包含缺失值的样本仅有 14 万余个，占样本总数的 8.26%，如果仅保留不含缺失值的样本，则只能放弃绝大多数数据。

由于删除缺失值会造成诸多问题，因此使用合理的方法对缺失值进行填补就成为缺失值处理的主要形式。缺失值填补的主要思路有两个：

(1)利用包含缺失值的变量自身的信息进行填补，主要形式为使用该变量非缺失部分构造简单统计量，并用该统计量填补缺失部分。

(2)同时利用包含缺失值的变量自身的信息和其他变量的信息，建立聚类模型或机器学习模型，基于模型对缺失值变量的预测结果进行填补。

这两个思路前者较为简单高效，但对于所有缺失值均会填补相同内容，当缺失值较多时效果不好；而后者可以利用变量间的联系推测缺失值的真实内容，为不同的缺失值填补不同的内容，从而更加精准，但缺点是占用运算资源较多，当数据集较大时效率较低。

在本节中，为了能够观察并比较不同方法的填补效果，在演示时使用了在非缺失数据集中随机构造缺失值的方式。这样做可以使我们检验所填补的内容与实际值之间的差异，从而比较不同方法的填补准确度。

2.2.2 简单统计量填补

使用简单统计量填补的思想是：基于变量本身的信息，计算该变量非缺失部分的简单统计量(一般是均值、中位数或众数)，再以该统计量作为缺失部分的替代值。这种方法的优点是简单高效，在 Pandas 中使用 Series.fillna() 函数即可完成，是缺失值填补的常用手段，特别是当缺失值数量不多时效果较好。但是这种方法的缺点也很明显，其使用相同内容填补所有缺失值，填补结果与实际情况差异较大，因此当缺失值数量较多时，这种填补方法会对模型的训练产生不利影响。

2.2.2.1 使用均值进行填补

代码 2.5 显示了使用均值对波士顿房价数据集中的变量 LSTAT 的缺失值进行填补的方法,其运行结果显示在代码执行结果 2.4 中。具体操作要点为:对序列 boston["LSTAT"]使用 Series. fillna()方法进行填补,填补内容为该序列的均值 boston["LSTAT"]. mean()。

代码 2.5

```
# 使用平均值填补,使用 boston 数据集
boston= boston_raw. copy() # 复制数据集
boston_fill = boston["LSTAT"]. fillna(boston["LSTAT"]. mean())
print("均值填补效果:\n%s" % pd. DataFrame(data = {"True":true_value,
                          "Fill":boston_fill[true_value. index]}))
print("均值填补的 MSE:%s" % mean_squared_error(y_true=true_value,
                          y_pred=boston_fill[true_value. index]))
```

代码执行结果 2.4

```
均值填补效果:
            True            Fill
249         6.56            12.708347
104         12.33           12.708347
389         20.85           12.708347
176         10.11           12.708347
98          3.57            12.708347
77          10.27           12.708347
204         2.88            12.708347
434         15.17           12.708347
119         13.61           12.708347
229         3.76            12.708347
均值填补的 MSE:38.39801797509106
```

从代码执行结果 2.4 可以观察到,对于所有的缺失值都用均值 12.708 347 进行了填补。为评估缺失值填补效果,可利用预先保留的变量 LSTAT 缺失部分的真值 true_value 构造的均方误差(Mean Square Error,MSE)作为度量效果的指标,其计算公式为

$$MSE = \frac{\sum_{i=1}^{m}(\widehat{x_i} - x_i)^2}{m}$$

上式中，$i = 1, 2, \cdots, m$ 表示 m 个缺失值，$\widehat{x_i}$ 为第 i 个缺失值的填补内容，x_i 为第 i 个缺失值的真值。在本例中，使用均值进行缺失值填补得到的 MSE 为 38.398(保留三位小数)。

需要说明的是，在实际进行缺失值处理时，不可能存在缺失值的真值，因此也就根本无法计算均方误差。出于向读者演示不同填补方法的效果差异的目的，笔者在本章对波士顿房价数据集随机生成缺失值，因此其缺失部分的真值已知，从而可以构造均方误差来评估缺失值填补方法的效果。在缺失值处理的实战环境中，如果将获取缺失值填补内容视为一个机器学习任务的话，该任务应当是无监督的机器学习任务。

2.2.2.2 根据变量数据类型选择不同的统计量

前一部分介绍了使用均值对缺失值进行填补的方法。但是均值的计算要求变量的数据类型必须是定量的，如果变量不是定量型数据则需要使用其他统计量进行缺失值填补。例如，对于整数型(int)变量的缺失值，使用均值(mean)或中位数(median)填补均可；对于浮点型(float)变量的缺失值，则仅能使用均值填补；最特殊的是对字符串型(string)变量的缺失值，需要使用众数(mode)进行填补。

二手车数据集中包含了多种数据类型，在代码 2.6 中展示了根据变量数据类型选择不同的统计量对缺失值进行填补的过程。由于 Pandas 中的缺失值属于 float 型数据，因此如果 int 型变量含有缺失值，就会被转换为 float 型，从而导致不能正确判断变量类型。Pandas 0.24 版本新增了类型"int64"，可以令 int 型数据包含缺失值，因此可以使用 Series.astype("Int64")来尝试将 int 型变量转换为 int64 型。这一操作若能成功，则说明该变量为 int 型，此时需要用中位数填补缺失值；若发生错误，则表示该变量不是包含缺失值的 int 型变量，此时需要再进一步判断变量是 float 型还是 string 型，若是 float 型，则使用均值填补缺失值；若是 string 型，则使用众数填补缺失值。通过代码执行结果 2.5 可以看到，经过填补后消除了所有缺失值。

代码 2.6

```
# 根据情况选择不同指标进行填补,使用二手车数据集
car_data=car_data_raw.copy() # 建立数据集副本
missing_car = car_data.isna().sum() # 计算每个变量缺失值的数量
```

续

```
for i in missing_car.index:
  if missing_car[i] > 0:
    try:
      car_data[i] = car_data[i].astype("Int64")
      car_data[i] = car_data[i].fillna(car_data[i].median())
    except:
      if is_float_dtype(car_data[i]):
        car_data[i] = car_data[i].fillna(car_data[i].mean())
      else:
        car_data[i] = car_data[i].fillna(car_data[i].mode()[0])
print("缺失值计数：\n%s" %  car_data.isna().sum())
```

代码执行结果 2.5

```
缺失值计数：
url                0
city               0
price              0
year               0
manufacturer       0
make               0
condition          0
cylinders          0
fuel               0
odometer           0
title_status       0
transmission       0
vin                0
drive              0
size               0
type               0
paint_color        0
image_url          0
lat                0
long               0
county_fips        0
county_name        0
```

续

```
state_fips          0
state_code          0
state_name          0
weather             0
dtype: int64
```

上述操作的具体步骤为:

(1)建立数据集的副本 car_data。

(2)计算 car_data 中每个变量缺失值的数量,保存在序列 missing_car 中。

(3)以 i 为循环变量,missing_car 的索引(即变量名)为循环变量序列进行 for 循环,每个循环使用 if 语句判断,若当前 i 所对应的变量包含缺失值,即 missing_car[i]>0 成立,则进行如下操作:

①使用 try:语句首先尝试将当前变量的数据类型转化为长整型(Int64),并使用中位数填补(通过调用方法 Series. median( )),若成功则进入下一个循环周期,若不成功则进入 except:语句部分。

②使用 except:语句。在转换长整型不成功时,检测其是否为浮点型。使用 if 语句以 is_float_dtype( )的结果为条件,当条件成立时意味着当前变量为浮点型,则使用均值填补缺失值,若不成功则使用众数填补缺失值(通过调用方法 Series. mode( ))。

使用简单统计量对缺失值进行填补的方法简单高效,但因为使用相同内容填充所有缺失值,因此在缺失值较多时存在与真实情况误差较大的弊端。为了缓解这一弊端,在本节后面部分将以需要填补的变量为因变量,其他变量为解释变量建立模型,使用未缺失的部分数据对模型进行训练,并基于对缺失部分的预测结果进行填补。

2. 2. 3　聚类填补

前文介绍了使用简单统计量对缺失值进行填补的方法,这种方法用相同内容填补所有缺失值,势必会产生较大的填补误差。为了改善填补效果,本部分介绍基于 K-means 聚类模型对缺失值进行填补的方法。

K-means 聚类又称为快速聚类,是一种需要事先确定类别个数的聚类方法。K-means 聚类的思想是从某一个分类状态开始,不断调整类中心的位置,直至找到满足要求的类别划分形式。在聚类的开始阶段,需要人为给定类别的个数,并为每个类别指定一个初始类中心,即"种子"。给定种子后,需要计算每个样本(包括作为种子的样本)到各个种子的距离,并按照距离远近将样本分类。所有样本都分好类后,根据每一类所包含的样本计算新的类中心(种子就没用了),再利用新的类中心进行分类。如此迭代,直到迭代次数达到某一给定标准或两次迭代类中心变化不大为止,此时类中心稳定下来,从而也就形成了最终的聚类结果。

使用 K-means 聚类可以将全部样本分成若干个组,如果假定包含缺失值的变量在不同分组具有不同的取值,则可以使用该变量非缺失部分在每个分组的均值为相应位置的缺失值进行填补。

这种方式仍然使用均值对缺失部分进行填补,因此可以视为对使用简单统计量进行填补方法的改进,其改进之处在于对不同分组使用了该组数据的组内均值。代码 2.7 展示了这一过程。

代码 2.7

```
# 聚类填补,使用波士顿房价数据集
boston=boston_raw.copy()
# 初始化 k-means 模型,设置类别数为 5
k_means_model = KMeans(n_clusters=5)
# 去掉包含缺失值的变量再进行模型拟合,并计算每条样本所属类别
cluster = k_means_model.fit_predict(boston.drop("LSTAT", axis=1))
# 针对每组,分别用平均值填补缺失值
cluster_fill = boston["LSTAT"].groupby(by=cluster).apply(lambda
                                          x: x.fillna(x.mean()))
print("聚类填补效果:\n%s" % pd.DataFrame(data ={"True":true_value,
                    "Fill":cluster_fill[true_value.index]}))
print("聚类填补的 MSE:%s" % mean_squared_error(y_true=true_value,
                    y_pred=cluster_fill[true_value.index]))
```

在代码 2.7 中,基于 sklearn. cluster 中的 K-Means()函数,使用除变量 LSTAT 外的其他变量进行分类(类别数设定为 5),然后按不同分组用变量 LSTAT 在各组内的均值进行缺失值填补。代码 2.7 还用到了 Series. groupby()、Series. apply()等函数和方法,以及 lambda 表达式。lambda 表达式是一个匿名函数,其功能相当于一个函数,但是没有函数名,也不需要像真正的函数那样用比较烦琐的步骤来构造,因此可以把 lambda 表达式看作临时生成的一个"一次性"函数,用完即抛弃。这些方法的相关知识比较基础,读者可自行查询相关资料,这里不再赘述。代码 2.7 的执行结果见代码执行结果 2.6。

代码执行结果 2.6

```
聚类填补效果:
          True              Fill
249       6.56              9.521445
104      12.33             12.277872
389      20.85             17.844554
176      10.11              9.521445
98        3.57              9.521445
77       10.27             12.277872
204       2.88              9.521445
434      15.17             21.179118
119      13.61             12.277872
229       3.76              9.521445
聚类填补的 MSE: 17.279033474185905
```

从代码执行结果 2.6 中可以看到,对于不同的缺失值,填补的内容出现了差异,但是属于同一组的缺失值仍然使用相同的内容填补,例如,第 249、176、98、204 和 229 号样本均使用 9.521 445 进行填补。

使用聚类填补使得 MSE 达到了 17.279(保留三位小数),远低于全部使用均值时的 38.398(见代码执行结果 2.4),因此可以说至少在这次缺失值填补中,使用聚类填补的效果明显好于全部使用均值填补。

2.2.4　模型填补

前一部分介绍了基于 K-means 聚类模型对缺失值进行填补的方法。这种方法改善了填补的效果,但"包含缺失值的变量在不同分组具有不同取值"这一假设过强,且在同一分组内仍然使用了相同内容进行填补,因此该方法所取得的填补效果仍然有很大的改善空间。

在这一部分,将介绍基于线性回归模型和梯度提升树模型(Gradient Boosting Decision Tree,下文简称 GBDT 模型)对缺失值进行填补的方法。无论是线性回归还是 GBDT,都可以纳入有监督机器学习(supervised machine learning)的框架进行分析。以需要填补的变量为因变量,其他变量为自变量,利用因变量非缺失部分对应的样本对模型进行训练,然后用模型对缺失部分的数据进行填补。

2.2.4.1　使用线性回归模型进行填补

线性回归是最经典的统计模型,其本质可以描述为将因变量的取值分解为自变量的线性组合与随机扰动的和。模型形式为

$$y = \beta_0 + \beta_1 x_1 + \cdots + \beta_p x_p + \mu$$

其中:y 为因变量,$x_1, \cdots, x_p$ 为 p 个自变量,μ 为随机扰动项,$\beta_0, \cdots, \beta_p$ 为模型参数。使用变量非缺失部分对应的样本对模型进行训练后可得到估计的回归方程

$$\hat{y} = \hat{\beta}_0 + \hat{\beta}_1 x_1 + \cdots + \hat{\beta}_p x_p$$

将 y 的缺失部分所对应的 $x_1, \cdots, x_p$ 值代入上述方程,所得到的 $\hat{y}$ 既可以用于缺失值的填补。

代码 2.8 展示了线性回归填补的过程,结果展示在代码执行结果 2.7 中。具体步骤如下:

(1)建立副本数据集 boston。

(2)调用数据框的方法 DataFrame. dropna( ),设定参数 subset 为包含缺失值的变量[" LSTAT"],从而获得不包含缺失值的数据集作为模型的训练集 train。

(3)使用 scikit-learn 库的 LinearRegression( )模块,调用其 fit( )方法建立线性回归模型 reg,设定因变量为 train 中的变量 LSTAT,设定自变量为除因变量外的其他变量。

(4)使用线性回归模型 reg 的方法 predict( )在包含缺失值的数据集 boston 上进行预测。

(5)使用序列的 Series. fillna( )方法,利用预测值填补缺失值。

代码 2.8

```
# 线性回归模型填补,使用波士顿房价数据集
boston=boston_raw. copy()
# 使用无缺失的数据作为训练数据
train= boston. dropna(subset=["LSTAT"])
# 初始化一个线性回归模型
reg= LinearRegression()
# 令含有缺失值的变量 LSTAT 作为因变量,其余变量作为自变量拟合模型
reg. fit(X=train.drop("LSTAT", axis=1), y=train["LSTAT"])
# 使用模型预测变量 LSTAT 的全部数据
predict= pd. Series(reg. predict(boston.drop("LSTAT", axis=1)),
                    index=boston. index)
```

续

```
# 使用模型预测值填补缺失值
reg_fill= boston["LSTAT"]. fillna(predict)
print("回归模型填补效果:\n%s"% pd. DataFrame(data={"True":true_value,
                    "Fill":reg_fill[true_value. index]}))
print("回归模型填补的MSE:%s"% mean_squared_error(y_true=true_value,
                    y_pred=reg_fill[true_value. index]))
```

代码执行结果 2.7

	True	Fill
回归模型填补效果:		
249	6. 56	4. 766427
104	12. 33	14. 013134
389	20. 85	21. 975557
176	10. 11	10. 820094
98	3. 57	-1. 924128
77	10. 27	10. 912859
204	2. 88	-1. 640354
434	15. 17	20. 849729
119	13. 61	14. 061273
229	3. 76	5. 293284

回归模型填补的 MSE: 9. 366719529198878

　　从代码执行结果 2.7 中可以观察到,对于每一个缺失值,都使用了一个不同的模型预测值进行了填充。相应的,使用线性回归模型进行缺失值填补的 MSE 进一步降低为 9.367(保留三位小数),低于使用 K-means 聚类模型时的 17.279。

　　使用线性回归模型进行缺失值填补尽管在效果上取得了进一步的提升,但是应当看到,线性回归模型作为一个参数化模型,并且使用了最为简单的线性形式进行模型构建,因此当自变量与因变量的关系模式较为复杂时,模型对于数据趋势的拟合程度是不足的。在这种情况下可以考虑建立非参数的模型来对缺失值进行填补。当然这会以增大运算量为代价。

2. 2. 4. 2　使用 GBDT 模型进行填补

　　GBDT[①] 模型是一种采用 Boosting 思想的集成算法模型。其思想是以决策

---

　　① 关于 GBDT 的相关资料非常丰富,任何一本关于机器学习的教材基本都有介绍,读者可以自行查阅。即使未能完全理解 GBDT 的思想,只需要知道该模型与线性回归模型的目标一致,都是基于已知数据集训练(也可以称为"学习")得到模型,并使用模型对缺失值进行预测,区别在于模型的实现形式不同。

树(CART 树)为基学习器,对数据进行多轮迭代式的学习(即使用数据训练模型),在每一轮学习后都基于损失函数(即预测误差)最小的原则对下一轮学习进行优化,经过多轮迭代后得到最终预测结果。因在优化时使用了损失函数的负梯度来拟合本轮损失的近似值,又是以 CART 树作为基学习器,所以被称为梯度提升树。

代码 2.9 展示了使用 GBDT 模型对缺失值进行填补的过程,其过程与使用线性回归模型非常类似,首先使用 sklearn. ensemble 中的 GradientBoosting Regressor()建立 GBDT 模型,继而使用 fit()函数进行拟合,最后使用 predict()函数得到预测值并进行填补。其运行结果见代码执行结果 2.8。

代码 2.9

```
# GBDT 模型填补,使用波士顿房价数据集
boston=boston_raw. copy()
# 使用无缺失的数据作为训练数据
train = boston. dropna(subset=["LSTAT"])
# 初始化一个 GBDT 模型
GBDT_model = GradientBoostingRegressor()
# 令含有缺失值的变量 LSTAT 作为因变量,其余变量作为自变量拟合模型
GBDT_model. fit(X=train. drop("LSTAT", axis=1), y=train["LSTAT"])
# 使用模型预测变量 LSTAT 的全部数据
predict = pd. Series(GBDT_model. predict(boston. drop("LSTAT",
                                     axis=1)), index=boston. index)
# 使用模型预测值填补缺失值
GBDT_fill = boston["LSTAT"]. fillna(predict)
print("GBDT 填补效果:\n%s"% pd. DataFrame(data={"True":true_value,
              "Fill":GBDT_fill[true_value. index]}))
print("GBDT 填补的 MSE:%s" % mean_squared_error(y_true=true_value,
              y_pred=GBDT_fill[true_value. index]))
```

从代码执行结果 2.8 中可以观察到,在本例中,使用 GBDT 模型进行缺失值填补的 MSE 进一步降低为 6.155(保留三位小数),说明对于本例来讲,使用 GBDT 模型进行缺失值填补的效果最好。

需要指出的是,用哪种缺失值填补方法效果好并不是一定的,取决于具体的情况。可设想一个极端情况,即包含缺失值的变量其本身数据如果就是固定的,那无疑使用均值做简单填补是最好的方式;如果包含缺失值的变量与其他变量的关系本身就是线性的,那使用线性回归模型进行缺失值填补的效果就可

能比 GBDT 模型要好[①]。因此,使用哪种方法对缺失值进行填补更合理,还需要读者根据具体情况判断。

代码执行结果 2.8

```
GBDT 模型填补效果:
            True                Fill
249         6.56                6.295939
104         12.33               15.079178
389         20.85               23.457118
176         10.11               10.663713
98          3.57                3.957895
77          10.27               10.619566
204         2.88                3.183320
434         15.17               21.904348
119         13.61               13.114168
229         3.76                4.682928
GBDT 模型填补的 MSE:6.154512208518574
```

2.3 缺失值信息的提取

缺失值填补就像给破了洞的衣服打补丁,虽然不好看,但可以让这件衣服仍然能穿,从而保留了衣服"遮羞保暖"的核心功能。对缺失值进行填补是缺失值处理的主要手段。然而很多时候,缺失值的出现本身也存在某种规律,从而使得其本身也包含了可能对于分析有用的信息,此时不但不能对缺失值进行填补,反而应当采取一定方法将其蕴含的规律凸显出来。这就好像现在的年轻人,牛仔裤破的洞一定不会打补丁,因为这才是时尚。

本节将介绍一种提取缺失值信息的思路和方法,以其为基础可以将缺失值的模式量化表示出来,并作为进一步分析的指标。

2.3.1 缺失值信息及其提取思路

缺失值的出现原因很多,比如,数据采集设备故障,被调查对象不配合等。但是

---

① 在本例中作者使用随机方式令波士顿房价数据集中的变量 LSTAT 产生了 10 个缺失值,由于随机得到的缺失值位置不同,因此在某些情况下,笔者发现使用线性回归模型填补得到的 MSE 要低于使用 GBDT 模型。

如果进一步思考会发现,缺失值本身也并非没有价值。例如,由于数据采集设备故障导致的缺失值,包含了设备运转稳定性的信息,从而可以用来进行设备可靠性分析;由于调查对象不配合导致的缺失值,可能包含了调查对象的某些主观原因,因而可以作为影响因素进行分析。由于以上原因,在很多分析场景下,缺失值是可以作为影响因素纳入分析模型的,但前提是能够将缺失值信息有效地提取出来。

在提取缺失值信息时,有两个思路。

第一个思路:为每个包含缺失值的变量建立一个哑变量①形式的新变量,用于将该变量的缺失信息标识出来。这种思路的优点是可以将每个变量的缺失值信息单独提取出来,在需要进行因果分析时能够明确地将其对因变量的影响体现出来。然而这种思路的缺点也很明显,即当数据集中包含缺失值的变量较多时,会极大地增加模型的复杂度。

第二个思路:仅建立一个新变量,将每一个样本在所有变量上的缺失值情况标识出来。这种思路可以将数据集的缺失值信息以一个变量体现出来,优点是对模型复杂度影响不大,但是却具有无法体现具体变量影响的缺点,因而在以预测为目的的建模时较为适用。

2.3.2 缺失值信息提取方法

本部分将以上述第二种思路为主体,基于二手车数据集介绍缺失值信息提取的方法,具体分为两个步骤。

步骤1:标记每个变量的缺失值(见代码2.10)。步骤1其实就是上述第一种思路。

代码 2.10

```
# 将缺失值用 0-1 的形式进行标记
mismark_car = pd.DataFrame() # 用于记录每个变量的缺失值模式
car_data=car_data_raw.copy() # 复制原始数据集
# 每个变量的缺失值计数,其索引为变量名(参见代码 2.4)
missing_car = car_data.isna().sum()
for i in missing_car.index:
    if missing_car[i] > 0:
        mismark_car["missing_%s" % i]=car_data[i].isna().astype(int)
```

---

① 哑变量的概念及其生成方法在第4章中有详细介绍。本章中代码2.10即是缺失值哑变量的建立过程。

续

```
print ("二手车数据集缺失值标记:\n%s" %
    mismark_car[0:10].transpose())
```

在代码 2.10 中,新建立了数据集 mismark_car 用于记录数据集 car_data 中的缺失值信息。在 mismark_car 中,每个用于记录单个变量缺失值信息的变量名由"missing_"加上在 car_data 中的原变量名构成。例如,在 car_data 中的变量 fuel,在 mismark_car 中由 missing_fuel 与之相对应。在这段代码中使用了数据框的 DataFrame. isna( )方法,用逻辑值形式(即值为 True 或 False 形式)标记了每个变量中所有值是否为缺失值,继而使用 Series. astype(int)方法将其转化为 0-1 形式(True 为 1,False 为 0)。

代码 2.10 的运行结果见代码执行结果 2.9,在执行结果中,为了显示效果将输出结果进行了转置,且仅显示了前十个样本的标记情况。此时,已经完成了对每个变量缺失值信息的提取,提取形式为哑变量形式。

代码执行结果 2.9

二手车数据集缺失值标记:

	0	1	2	3	4	5	6	7	8	9
missing_year	0	0	0	0	0	0	0	0	0	0
missing_manufacturer	0	1	0	0	1	0	0	0	1	0
missing_make	0	0	0	0	0	0	0	0	0	0
missing_condition	0	1	1	0	1	0	0	1	0	0
missing_cylinders	0	1	1	0	1	0	0	1	1	0
missing_fuel	0	0	0	0	0	0	0	0	0	0
missing_odometer	0	1	1	0	0	0	0	0	1	0
missing_title_status	0	0	0	0	0	0	0	0	0	0
missing_transmission	0	0	0	0	0	0	0	1	0	0
missing_vin	1	1	1	0	1	1	1	0	1	0
missing_drive	0	1	1	0	1	0	0	1	1	0
missing_size	1	1	1	0	1	1	0	1	0	1
missing_type	0	1	1	0	1	1	0	1	1	0
missing_paint_color	0	1	1	0	1	1	0	1	0	0
missing_image_url	0	0	0	0	0	0	0	0	0	0
missing_county_fips	0	0	0	0	0	0	0	0	1	1
missing_county_name	0	0	0	0	0	0	0	0	1	1

续

missing_state_fips	0 0 0 0 0 0 0 0 1 1
missing_state_code	0 0 0 0 0 0 0 0 1 1
missing_weather	0 0 0 0 0 0 0 0 1 1

步骤 2:生成每个样本的缺失值模式。本步骤的操作可以用表 2.1 形象地体现出来。

表 2.1　变量缺失值信息与样本缺失值模式的关系

	原始变量数据			变量缺失值信息			样本缺失值模式	
	A	B	C	miss_A	miss_B	miss_C	pattern1 (二进制)	pattern2 (十进制)
样本 1	20	30	NaN	0	0	1	"001"	1
样本 2	NaN	33	NaN	1	0	1	"101"	5
样本 3	45	NaN	30	0	1	0	"010"	2

假设有一个数据集,包含了三个变量 A、B、C,且数据集中有三个样本,如表 2.1 左边部分所示。在步骤 1 中,获得了每个变量 0-1 形式的缺失值信息,如表 2.1 中间部分所示。本步骤将构造二进制和十进制两种形式的样本缺失值模式,如表 2.1 右边部分所示。其中二进制形式是将中间部分每个变量 0-1 形式的值转变成字符形式再连接而成,例如,样本 2 得到的二进制形式缺失值模式值为"101";十进制形式则是由二进制形式转换而来的,例如,样本 2 的十进制形式缺失值模式值为 5。

通过这种方式,可以将每个样本的缺失值情况标记出来。构造二进制和十进制两种样本缺失值模式的原因是为了适应不同模型运算要求的需要。步骤 2 的操作方法见代码 2.11,运行结果见代码执行结果 2.10。

代码 2.11 的算法步骤是:

(1)将代码 2.10 得到的 mismark_car 使用 DataFrame. astype(str)方法转化为字符串型。

(2)使用数据集的 DataFrame. apply 方法对每行数据都基于 lambda 表达式调用 Series. str. cat()方法将该行中各个 0、1 字符连接成一个二进制形式的字符串,并将结果存放在 mispattern1_car 中,这一步运算时间较长。

(3)仍然使用数据集的 apply 方法对每行数据都基于 lambda 表达式调用 int()函数将二进制形式的字符串转换为十进制形式,并将结果存放在 mispattern2_car 中。

代码 2.11

```
# 提取缺失值模式
# 将 0-1 缺失标识转为字符串
mispattern1_car = mismark_car.astype(str)
# 将每行字符串拼接为二进制码形式, 耗时较久
mispattern1_car = mispattern1_car.apply(lambda
                                    x: x.str.cat(), axis=1)
# 将二进制码转为十进制
mispattern2_car = mispattern1_car.apply(lambda x: int(x, 2))
# 合并数据
car_data1 = car_data.merge(mismark_car, how="left",
                    left_index=True, right_index=True)
car_data1["missing_pattern1"] = mispattern1_car
car_data1["missing_pattern2"] = mispattern2_car
print("缺失值模式: \n%s" %
    car_data1[['missing_pattern1','missing_pattern2']][0:20])
```

代码执行结果 2.10

缺失值模式:

	missing_pattern1	missing_pattern2
0	00000000010100000000	1280
1	01011010011111000000	370624
2	00011010011111000000	108480
3	00000000000000000000	0
4	01011000011111000000	362432
5	00000000010111000000	1472
6	00000000010000000000	1024
7	00011000101111000000	101312
8	01001010011010011111	304799
9	00000000000100011111	287
10	00000000010000011111	1055
11	00000000010000011111	1055
12	00000000000000011111	31
13	00000010010000011111	9247
14	00000000010100011111	1311

续

15	00000000010000011111	1055
16	00000000010100011111	1311
17	00000000010100011111	1311
18	00000000010100011111	1311
19	00000000010100011111	1311

本章练习

练习内容:使用本章所介绍的方法对以下数据集进行缺失值处理。

数据集名称:Used cars for sale in Germany and Czech Republic since 2015。

数据集介绍:该数据集是在 2015 年后的一年多时间里从捷克共和国和德国的几个网站上抓取的二手车销售的数据。这个数据集存在大量缺失值、错误数据等问题。数据收集的目的是通过对该数据集的分析与建模预测二手车的价格,进而分析二手车价格的决定因素。

数据集链接:https://www.kaggle.com/mirosval/personal-cars-classifieds。

◈ 3 数据纠错与格式处理

◈ **学习目标：**

1. 了解数据错误的含义；
2. 了解日期时间型数据的特点；
3. 掌握数据逻辑纠错的思路；
4. 掌握地址格式纠错的思路；
5. 掌握数值格式纠错的思路；
6. 掌握分类格式纠错的思路；
7. 掌握日期时间型数据提取信息的方法。

3.1　概述

在数据分析实践中，我们使用的数据集经常会存在各类数据错误，这些错误往往会导致建模失败或模型结论失效，因此需要在预处理阶段尽可能予以纠正。在实际分析过程中，数据错误形式五花八门，难以给出完善的纠错方法体系，需要具体问题具体分析。笔者在本章粗略地将数据纠错分为逻辑纠错和格式纠错两类，并通过举例的方式说明其解决思路。在实际应用中读者还需要根据研究背景具体问题具体分析，搞清错误原因，找出合理的纠错方法。

3.1.1　数据错误

数据错误是指数据集中的数值与真实值不一致的情况，其形成的原因非常多，比如，人为失误、设备故障、格式不规范、调查对象不配合等。本章主要介绍以数据之间逻辑关系和数据格式为依据的两种纠错思路①。

3.1.1.1　逻辑纠错

很多数据错误很难被发现，即使能够发现数据错误，如何纠错也是个棘手

---

① 笔者使用的"纠错思路"这种表述，是为了强调数据纠错不存在固定的方法体系，需要具体问题具体分析，本章的目的主要是在纠错思路上给读者一个引导。

的问题。例如,某数据集有"出生年月"这一变量,其中某人的出生年月是1958年5月,但是在采集数据时被误填为1985年5月,这种错误如果不与其他数据来源对照或与本人核实是极难发现的。然而其他数据源往往极难获取,而与本人核实又存在工作量过于巨大的问题,因此这种类型的错误通常无法发现,更无法纠正。

所幸很多情况下同一数据集中的某些变量间存在一定的逻辑关系,这种数据自身的逻辑规律或同一数据集内数据间的逻辑关系可以帮助我们发现一些数据错误。还以上述出生年月的数据错误为例,如果存在另一变量"参加工作年月",这个人是20岁参加工作,因此所填数据为1978年7月,这就与"出生年月"的1985年5月产生了矛盾,显然出现了逻辑上的错误,下一步只需要单独核实这个人的数据即可以纠正该错误。再如,我们都知道人类的寿命一般不超过100岁,年龄大于100岁的人屈指可数,而且年龄也不可能是负数。因此,如果年龄数据中出现了大于100或小于0的数据,同样有理由怀疑出现了错误。

数据的逻辑纠错依赖于对数据逻辑的挖掘,要求分析者对于数据背后的相关理论知识非常了解。

3.1.1.2　格式纠错

规范的数据格式是数据准确性和有效性的保证。数据格式规范指的是数据类型合理、类别名称唯一、文字表述格式和用词一致等。有些数据错误会表现为不合理的格式,这些有问题的格式也有助于我们发现数据错误。问题格式主要有以下三种情形:

(1)文字表述不规范。例如,一些地址类信息出现诸如"北京市朝阳区""北京朝阳区"等多种表述。

(2)数值类型不合理。例如,在一些本应是数值型数据的列中出现了字符型数据等。

(3)类别名称不统一。例如,在将部门名称作为分类变量时,出现诸如"人力资源部""人资部","HR"三个类别,而这三个类别其实应当是同一个类。

3.1.2　日期时间型数据

日期时间型数据是一类很特殊的数据,其特殊之处在于:

第一,日期时间型数据"表里不一",例如,"2020年1月3日21时0分0秒",从形式上看这是一个字符串,很多时候日期时间型数据正是以字符串形式展示的。然而实际上,日期时间型数据是以数值形式存储且可以参与运算的,如计算上述日期时间与2020年1月1日0时0分0秒之间相差了多少个小时。

　　第二，日期时间型数据换算规则非常复杂。如 60 秒为 1 分钟、60 分钟是 1 小时、24 小时是 1 日,日、星期、月、季度、年等的换算规则就更加复杂了,因此无法直接使用类似二进制、十进制这样的规范形式来表示。

　　上述两个方面的特殊性导致了日期时间型数据在任何计算机系统内都是需要单独关注的数据类型。

3.1.3　箱线图的概念与使用

　　在观察数据的分布时,箱线图(Box-plot)是一个非常方便直观的工具。箱线图仅由对应五个统计指标的五条横线及一些辅助性线条组成,能够非常直观地刻画数据的分布状况。我们以波士顿房价数据集中的变量 LSTAT 为例,学习绘制箱线图的方法。

　　代码 3.1 展示了绘制变量 LSTAT 的箱线图的方法以及所需要的统计指标,其绘制的图形见图 3.1,相关的统计指标见代码执行结果 3.1。

代码 3.1

```
# 绘制箱线图
box_plot = boston["LSTAT"].plot.box()
plt.show()
# 观察箱线图的相关指标
LSTAT_q1 = boston["LSTAT"].quantile(.25)
LSTAT_q3 = boston["LSTAT"].quantile(.75)
LSTAT_iqr = LSTAT_q3-LSTAT_q1
print("中位数(Median):%f" % boston["LSTAT"].quantile(.5))
print("下四分位数(Q1):%f" % LSTAT_q1)
print("上四分位数(Q3):%f" % LSTAT_q3)
print("四分位差(IQR):%f" % LSTAT_iqr)
print("最小值(Min):%f" % boston["LSTAT"].min())
print("最大值(Max):%f" % boston["LSTAT"].max())
print("下限值:%f" % (LSTAT_q1-1.5* LSTAT_iqr))
print("上限值:%f" % (LSTAT_q3+1.5* LSTAT_iqr))
```

　　图 3.1 显示了箱线图的基本结构,箱线图由中位数(median)、下四分位数(Q1)、上四分位数(Q3)、四分位差(IQR)等统计指标构成①。中位数位于图中"盒子"的中间,表示数据分布的中心位置;上、下四分位数分别对应了中位数上

---

① 本节不再赘述这些统计指标的含义。

下的两条横线,其中间的范围包含了50%的数据量;四分位差是上、下四分位数之差,即 $IQR = Q3 - Q1$。

箱线图的上、下边缘位置确定的原则稍微复杂一点。首先,需要计算该变量的上、下限值,然后根据上、下限值与变量最大、最小值的关系确定上、下边缘的位置。在大多数箱线图绘图工具中,定义上限值的位置为 $Q3 + 1.5 \times IQR$,下限值的位置为 $Q1 - 1.5 \times IQR$ 。如果数据的最大值大于其上限值,则将上边缘的位置确定在上限值那里,同时将超过上限值的数据作为异常值单独标识出来;如果数据的最大值小于其上限值,则将上边缘的位置确定在最大值那里。下边缘位置的确定原则与上边缘相同。

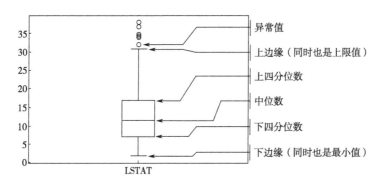

图 3.1　箱线图

代码执行结果 3.1

```
中位数(Median):        11.360000
下四分位数(Q1):          6.950000
上四分位数(Q3):         16.955000
四分位差(IQR):          10.005000
最小值(Min):            1.730000
最大值(Max):           37.970000
下限值:                -8.057500
上限值:                31.962500
```

观察图 3.1,并结合代码执行结果 3.1 中计算得到的指标结果可以发现,变量 LSTAT 的最大值为 37.97,大于其上限值 31.9625,因此图 3.1 的上边缘位置在上限值处;而变量 LSTAT 的最小值为 1.73,大于其下限值 -8.0575,所以图3.1 的下边缘位置在最小值处。

3.1.4　本章使用的代码库和数据集

如代码 3.2 所示，本章会用到 Pandas、Numpy、Copy、Datetime 和 Matplotlib 代码库。数据方面本章用到了保险公司理赔数据集，代码 3.3 给出了读取该数据集的方法。

代码 3.2

```
import pandas as pd
import numpy as np
import copy
import matplotlib.pyplot as plt
import datetime
```

代码 3.3

```
data= pd.read_csv(r"/Users/Taoren 1/CaseData/loan.csv",
               header=0, encoding="gb2312")
```

3.2　数据的逻辑纠错

本节将以保险公司理赔数据集中的变量 age 为例，展示基于数据逻辑规律识别和纠正数据错误的思路。

人的年龄绝大多数应当在 0~100 之间，即便在数据集中存在一些百岁以上老人的样本，其数量也应当极为稀少。因此"变量 age 绝大多数数据应该在 0~100 之间"就成为该变量的逻辑规律。

如果出现了不合理的年龄数据，该如何纠正呢？当然逐一向被调查对象核实是最准确的方法，但往往因难以找到被调查对象或工作量太大而不可行。因此一个比较简单的方式是将这些不合理的年龄一律替换为缺失值，这样既保持了变量的性质不变，又避免了错误数据的危害。

代码 3.4 展示了识别和处理不合理年龄数据的过程，具体步骤如下：

（1）对变量 age 使用 between( ) 方法以及"非"运算得到值在 0~100 之外的数据，并使用 value_counts( ) 方法得到这些数据的频数；

（2）绘制变量 age 的箱线图，观察其分布情况；

（3）在发现变量 age 存在-1 和 999 两类不合理数据后，使用 replace( ) 方法

将其替换为缺失值 np. nan;

（4）再次绘制变量 age 的箱线图,观察纠错后的分布情况;

（5）为了保持变量 age 的数据类型仍然为 Int64,使用 astype("Int64")方法对其进行数据类型转换。

上述操作的输出结果见代码执行结果 3.2 和图 3.2。

代码 3.4

```
# 查看年龄不在 0~100 之间的样本汇总
print("不合理的年龄数据统计:\n",
        data["age"][~data["age"].between(0, 100)].value_counts())
# 绘制变量 age 的箱线图
data["age"].plot.box()
plt.show()
data_1 = copy.deepcopy(data)
# 将-1 和 999 替换为缺失值
data_1["age"].replace([-1, 999], np.nan, inplace=True)
data_1["age"] = data_1["age"].astype("Int64")
# 再次绘制 age 的箱线图
data_1["age"].plot.box()
plt.show()
```

代码执行结果 3.2

```
不合理的年龄数据统计:
-1      1375
999      177
Name: age, dtype: int64
```

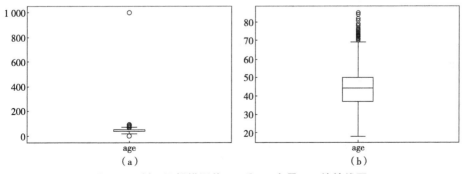

图 3.2 纠正逻辑错误前(a)后(b)变量 age 的箱线图

代码执行结果 3.2 显示存在-1 和 999 两类数据,从图 3.2(a)也能看到其数据的异常分布情况。在没有其他进一步信息的情况下,我们无法确定数据错误的原因,因此最好的处理方式是将其转化为缺失值。从图 3.2(b)可以观察到,经过纠错,变量 age 的分布在正常范围内了。

3.3 数据的格式纠错

数据格式的不正确,也是造成数据错误的重要原因。本节分别以地址格式、数值格式和分类格式为例介绍数据格式纠错的思路。

3.3.1 地址格式纠错

地址类型格式是常见的数据形式,其特点是数据类型为字符串,内容有一定规范性但规范不严格,例如,本章使用的保险公司理赔数据集中的变量 address。地址中经常会出现一些不规范的地名表述,这些表述在人看来不会影响理解,但对于计算机而言则完全是不同的含义,因此在处理时需要进行纠正统一。同时,为了能够更方便地处理数据,经常需要将地址中的一些元素如省、市、县名称等提取成为单独的变量,本部分将分别介绍这两种操作的实现思路。

代码 3.5 展示了识别并纠正不规范地址表述的方法,结果见代码执行结果 3.3。具体步骤为:

(1)使用 Series. str. slice()方法①截取变量 address 中每个字符串的前三个字组成的子串,然后使用 unique()方法观察其唯一值;

(2)在发现来自新疆维吾尔自治区的地址信息存在不规范情况后,进一步使用 Series. str. contains()方法将包含"新疆"字样的数据查找出来,并使用 unique()方法进行观察(为便于展示,仅输出了前 8 行数据);

(3)使用 Series. str. replace()方法将"新疆自治区"和"新疆维吾尔族自治区"替换为"新疆维吾尔自治区";

(4)观察纠错效果。

代码 3.5

```
addr= data["address"]
```

___

① 在本例中,使用到了 Pandas 序列的字符串处理方法 Series. str。该方法能够以字符串形式访问序列的值,并对其应用几种方法,例如,本例用到 Series. str. slice()、Series. str. contains()和 Series. str. replace()。

续

```
# 截取地址的前三个字,并查看唯一值
print("\n 检查地址信息前三个字:\n",addr.str.slice(0,3).unique())
# 进一步查看包含新疆的地址数据
print("\n 检查具体地址信息:\n",
      addr[addr.str.contains("新疆",na=False)].unique()[0:7])
# 替换正确地名新疆维吾尔自治区
addr = addr.str.replace("新疆自治区","新疆维吾尔自治区")
addr = addr.str.replace("新疆维吾尔族自治区","新疆维吾尔自治区")
# 再次截取地址的前三个字,并查看唯一值
print("\n 再次检查地址信息前三个字:\n",addr.str.slice(0,3).unique())
# 再次进一步查看包含新疆的地址数据
print("\n 再次检查具体地址信息:\n",
      addr[addr.str.contains("新疆",na=False)].unique()[0:7])
```

代码执行结果 3.3

```
检查地址信息前三个字:
['安徽省' '湖北省' '辽宁省'     nan '    山东省' '山西省' '吉林省' '河北省'
 '福建省' '黑龙江' '四川省' '河南省' '湖南省' '北京市' '新疆维' '广东省'
 '江西省' '江苏省' '贵州省' '甘肃省' '内蒙古' '浙江省' '陕西省' '天津市'
 '广西壮' '云南省' '新疆自' '海南省' '上海市' '西藏自' '重庆市' '宁夏回'
 '青海省' 'UNK']

检查具体地址信息:
['新疆维吾尔族自治区乌鲁木齐市天山区' '新疆维吾尔族自治区伊犁哈萨克自治州新
源县' '新疆维吾尔族自治区昌吉回族自治州呼图壁县' '新疆自治区乌鲁木齐市天山
区']

再次检查地址信息前三个字:
['安徽省' '湖北省' '辽宁省'    nan '    山东省' '山西省' '吉林省' '河北省'
 '福建省' '黑龙江' '四川省' '河南省' '湖南省' '北京市' '新疆维' '广东省'
 '江西省' '江苏省' '贵州省' '甘肃省' '内蒙古' '浙江省' '陕西省' '天津市'
 '广西壮' '云南省' '海南省' '上海市' '西藏自' '重庆市' '宁夏回' '青海省'
 'UNK']
```

续

> 再次检查具体地址信息：
> ['新疆维吾尔自治区乌鲁木齐市天山区','新疆维吾尔自治区伊犁哈萨克自治州新源县'
> '新疆维吾尔自治区昌吉回族自治州呼图壁县','新疆维吾尔自治区伊犁哈萨克自治州
> 霍城县']

观察输出结果，首先发现有两个以"新疆"作为开头的地址，分别为"新疆维"和"新疆自"，说明存在相近但不完全一样的地址表述。进一步查看包含"新疆"二字的地址数据，发现存在"新疆自治区"和"新疆维吾尔族自治区"两种不同表述，这两种表述都是不正确的。这时，我们成功地识别出这一地址错误。

对于这一地址错误，纠错的方式是将"新疆自治区"和"新疆维吾尔族自治区"都替换为正确地名"新疆维吾尔自治区"，替换完成后从输出结果中可以发现有两个新疆开头的地址合并了，再次进一步查看包含"新疆"字样的地址，发现已经不存在两种不正确表述了。

为了方便分析，还可以将地址信息中的省级和市级行政区名称抽取出来形成新的变量。代码 3.6 展示了这一工作的过程。

代码 3.6

```
# 对原始数据进行深度复制用于修改，避免影响原始数据
data_1 = copy.deepcopy(data)
# 利用正则表达式从地址中提取省份，并保存为新变量
data_1["province"] = data["address"].str.extract(
    r"(上海市|北京市|天津市|重庆市|^.*省|^.*自治区)", expand=False)
# 利用正则表达式从地址中提取城市，并保存为新变量
data_1["city"] = data["address"].str.extract(
    r"(上海市|北京市|天津市|重庆市|(?<=省|区)[^市]*市)", expand=False)
print("提取地址信息的结果：\n",
    data_1[["age","gender","province","city"]])
```

代码 3.6 的主要步骤包括：

（1）使用 Series.str.extract( )函数和正则表达式（regular expression）①提取省级

---

① 正则表达式本质上是嵌入在 Python 中的一种微小的、高度专业化的编程语言。使用正则表达式可以构造一个规则，用来匹配具有一定特征的字符串。关于 Python 中正则表达式的使用方法，读者可以自行在以下网站中参考：https://docs.python.org/zh-cn/3.7/library/re.html，https://docs.python.org/zh-cn/3.7/howto/regex,html# regex-howto

行政区名称,保存为新变量 province;

(2)同样使用 Series. str. extract( )函数和正则表达式提取市级行政区名称,保存为新变量 city。

提取省、市名称的结果见代码执行结果 3. 4。

代码执行结果 3.4

```
提取地址信息的结果:
              age   gender   province        city
0             45    男       安徽省           合肥市
1             25    女       湖北省           黄石市
2             35    男       安徽省           安庆市
3             51    女       辽宁省           抚顺市
4             44    男       NaN             NaN
...           ...   ...      ...             ...
401954        42    女       NaN             NaN
401955        33    女       安徽省           淮北市
401956        28    女       山西省           NaN
401957        55    女       河南省           许昌市
401958        49    女       河南省           焦作市

[401959 rows x 4 columns]
```

3. 3. 2　数值格式纠错

数据集是数据的"容器",数据分析都是基于数据集进行的。我们可以形象地把数据集看作一个简单的二维表,表中的每一列是一个变量,每一行是一个样本。从数据采集的角度来看,一个变量是从某一角度对一组同类事物进行测量的结果,因此应当具有相同的统计口径、单位和数据类型。

例如,保险公司理赔数据集中的变量 amount,其含义是记录每个发生保险事故后被保险人获得的理赔额,因此其统计口径应为所有获批的理赔额,单位为元,数据类型应为长浮点型(float64)。

在数据采集过程中,由于人为错误、设备故障等无法完全避免的原因,会出现一些数值格式错误的情况。同时,由于数据的存储经常使用文本文件形式①,因此

①　本书所有案例数据使用的逗号分隔值文件格式(Comma-Separated Values,CSV)即是一种常用的文本文件格式,以纯文本形式存储表格数据(数字和文本)。该格式用 ASCII 字符集中的逗号(即英文状态的逗号)作为列的分隔符号,用换行符作为行的分隔符号。

无论是数字还是字符，一律都以字符形态存储，这就造成 Python 在读取数据时，无法将本应为数值状态但错误地包含了字符的列正确地识别为数值型。

在代码 3.7 中，我们识别了出现数值格式错误的变量，并进行了纠错，具体步骤如下：

（1）使用 Series. dtypes 属性观察变量 amount 的数据类型；

（2）使用 Series. value_counts( ) 方法和正则表达式，统计所有包含除小数点以外的非数字样本的频数，这些由正则表达式匹配出来的结果即为数值格式出现错误的样本；

（3）使用 Series. str. replace( ) 方法和正则表达式将所有发现的数值格式错误样本全部替换为空字符串；

（4）使用 Series. replace( ) 方法将空字符串替换为缺失值，此时变量 amount 虽然仍然不是数值类型，但其数据仅包含字符型的数字和缺失值，具备转换为数值类型的条件；

（5）使用 Series. astype(float) 方法将其转换为浮点型。

上述操作的结果见代码执行结果 3.5。

代码 3.7

```
# 查看 amount 的数据类型
amo = copy. deepcopy(data["amount"])
print("纠正前变量 amount 的数据类型为",amo. dtypes)
# 利用正则表达式,统计所有包含非数字(小数点除外)的样本
print("\n 变量 amount 中非数字样本统计: \n",
      amo[amo. str. contains("[^\.\d]")]. value_counts())
# 利用正则表达式,将所有非数字替换为空字符串
amo = amo. str. replace("[^\\d]*","")
# 将所有空字符串替换为缺失值
amo. replace("", np. nan, inplace=True)
# 将 amount 转化为浮点型
amo = amo. astype(float)
# 再次查看 amount 的数据类型
print("\n 纠正后变量 amount 的数据类型为",amo. dtypes)
```

代码执行结果 3.5

```
纠正前变量 amount 的数据类型为 object

变量 amount 中非数字样本统计:
```

续

```
_NULL_                      1775
¥ 32450                     1
¥ 109737.57                 1
¥ 945460.56                 1
Name: amount, dtype: int64

纠正后变量 amount 的数据类型为 float64
```

观察输出结果可以发现,变量 amount 的数据类型是 object 而不是数值类型,其中包含了很多以_NULL_形式存在的缺失数据(Python 默认的缺失值不是这个格式)和三个被加上了人民币符号"¥"的数值数据,这样的变量如果执行四则运算或者转型为数值类型的话系统会报错。

在经过上述一系列操作后,变量 amount 的数据类型被纠正为 float64 型,不再会影响分析和建模了。

3.3.3　分类格式纠错

分类型变量是最常见的变量类型之一,无论是作为因变量还是作为自变量,分类型变量的应用都非常广泛。分类型变量中最常出现的问题就是类别重复,即本属于同一类的样本,由于其类名称不完全一致被系统识别成不同类,因此需要在预处理阶段将这类分类格式错误纠正过来。

代码 3.8 中,对变量 channel 的类别进行了识别和纠正,具体步骤如下:

(1)使用 Series. value_counts( )方法查看变量 channel 的各类别;

(2)使用 Series. replace( )方法将上一步发现的不规范的缺失值标识_NULL_替换为 np. nan;

(3)再次使用 Series. value_counts( )方法查看变量 channel 的各类别,确定纠错效果。

上述操作的结果见代码执行结果 3.6,观察结果可以发现变量 channel 除了有正常的缺失值 NaN,还存在以字符串_NULL_表示的缺失值,属于错误分类。如果不经纠错就将该变量用于分析,会使模型将标识为_NULL_当成一个类别而不是缺失值。经过纠错后,_NULL_被替换为 NaN,该变量便可以正常使用了。

代码 3.8

```
# 查看变量 channel 的唯一值汇总
print("查看变量 channel 的唯一值汇总: \n",
```

续

```
    data["channel"].value_counts(dropna=False))
# 将字符串 _NULL_ 替换为缺失值
data_1 = copy.deepcopy(data) # 用于修改,避免影响原始数据
data_1["channel"].replace("_NULL_", np.nan, inplace=True)
print("\n 再次查看变量 channel 的唯一值汇总:\n",
    data_1["channel"].value_counts(dropna=False))
```

代码执行结果 3.6

```
查看变量 channel 的唯一值汇总:
个险          318181
银行邮政        44221
_NULL_       26514
区域拓展        6723
NaN          5378
团险          486
专业代理        433
非银行邮政       22
内勤业务        1
Name: channel, dtype: int64


再次查看变量 channel 的唯一值汇总:
个险          318181
银行邮政        44221
NaN          31892
区域拓展        6723
团险          486
专业代理        433
非银行邮政       22
内勤业务        1
Name: channel, dtype: int64
```

3.4 日期时间型数据特征及其应用

日期时间型数据是非常重要的数据类型。由于日期时间所包含的属性很多,包括年、月、日、星期、季度、时、分、秒等,且元素之间的转换规律也非常复

杂,所以在本节简单介绍 Python 中日期时间型数据的相关操作。

3.4.1 日期时间型数据的结构与特征

在 Python 中,datetime 模块①提供了多种方式操作日期和时间。该模块能够有效地解析日期时间属性,并用于格式化输出和数据操作,同时支持日期时间的数学运算。与 datetime 有关的模块还包括提供日历相关函数的 calendar 模块和提供时间访问及转换功能的 time 模块。

在计算机系统中,日期时间型数据其实是转换为数值形式存储的。具体方式是以"1970 年 1 月 1 日 0 时 0 分 0 秒"这个时间点为 0,然后每增加 1 秒就加 1。每个具体时间所对应的数字叫作时间戳(time stamp),在 Python 中时间戳采取 float64 格式存储。

为了展示日期时间型的存储原理,在代码 3.9 中我们构造了六个日期时间,第一个时间为"1970 年 1 月 1 日 0 时 0 分 0 秒",其后四个日期依次增加了 1 秒、1 分钟、1 小时和 1 天,最后一个时间是笔者撰写本章内容的真实时间。

代码 3.9

```
# 将日期时间从字符串状态转换为标准时间日期格式数据
dt_example = pd.Series("",name="日期时间")
dt_stamp = pd.Series(0.0,name="时间戳")
dt_example[0] = "1970/01/01 00:00:00"
dt_example[1] = "1970/01/01 00:00:01"
dt_example[2] = "1970/01/01 00:01:00"
dt_example[3] = "1970/01/01 01:00:00"
dt_example[4] = "1970/01/02 00:00:00"
dt_example[5] = "2020/01/02 21:10:36"
dt_example = pd.to_datetime(dt_example, format="%Y/%m/%d %H:%M:%S")
# 提取每个日期时间的时间戳
for i in range(6):
    dt_stamp[i] = dt_example[i].timestamp()
pd.set_option('display.float_format',lambda x:'%.1f'%x)
print(pd.DataFrame(list(zip(dt_example,dt_stamp)),
                columns=["日期时间","时间戳"]))
```

---

① 读者可从网址 https://docs.python.org/zh-cn/3.7/library/datetime.html 进一步了解 datetime 模块的相关知识。

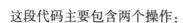

这段代码主要包含两个操作：

(1)使用 Pandas 内置的 to_datetime( )函数将文本状态的日期时间转化为 datetime 类型。其中关键是参数 format 的设置。format 由以"%"开头的指令和字符组成,刻画了文本状态日期时间的结构,相关指令的含义见表 3.1。

(2)使用 datetime 对象的 timestamp( )方法将每个日期时间的时间戳提取出来。

上述操作的结果见代码执行结果 3.7。

表 3.1　日期时间格式指令及其含义

指令	含义	示例
%a	文字表示的星期的缩写	Sun
%A	文字表示的星期的全称	Sunday
%w	十进制数表示的星期(0 为星期日,6 为星期六)	0,1,2,3,4,5,6
%d	补零后,以十进制数显示的月份中的一天	01,02,…,31
%b	文字表示的月份的缩写	Jan
%B	文字表示的月份的全称	January
%m	补零后,以十进制数显示的月份	01,02,…,12
%y	补零后,以十进制数显示的两位数的年	78,79,80
%Y	十进制数显示的四位数的年	1978,1979,1980
%H	补零后,以十进制数显示的小时(24 小时制)	00,01,…,23
%I	补零后,以十进制数显示的小时(12 小时制)	01,02,…,12
%p	AM(上午)或 PM(下午)	AM, PM
%M	补零后,以十进制数显示的分钟	00,01,…,59
%S	补零后,以十进制数显示的秒	00,01,…,59
%j	补零后,以十进制数显示的一年内的日序号	001,002,…,366
%U	补零后,以十进制数显示的一年内的周序号(星期日为每周的第一天,每年第一个星期日前的日子为第 0 周)	00,01,…,53
%W	补零后,以十进制数显示的一年内的周序号(星期一为每周的第一天,每年第一个星期日前的日子为第 0 周)	00,01,…,53

代码执行结果 3.7

	日期时间	时间戳
0	1970-01-01 00:00:00	0.0
1	1970-01-01 00:00:01	1.0
2	1970-01-01 00:01:00	60.0
3	1970-01-01 01:00:00	3600.0
4	1970-01-02 00:00:00	86400.0
5	2020-01-02 21:10:36	1577999436.0

从代码执行结果可以清楚地看到,1970 年 1 月 1 日 0 时 0 分 0 秒的时间戳就是 0.0;第二个时间比它多了 1 秒,因此时间戳为 1.0;第三个时间比它多了 1 分钟,因此时间戳为 60.0(1 分钟=60 秒);第四个时间比它多了 1 小时,因此时间戳为 3 600.0(1 小时=3 600 秒);第五个时间比它多了 1 天,因此时间戳为 86 400.0(1 天=86 400 秒)。读者可以根据最后一个时间了解本章写作时距离"1970 年 1 月 1 日 0 时 0 分 0 秒"经过了多少秒。

3.4.2　日期时间信息的提取及应用

在数据分析过程中,经常需要将日期时间的具体元素提取出来建立新的变量用于分析。代码 3.10 给出了具体的方法。在这段代码中,使用了 Pandas 中的 Series. dt 系列方法。该方法允许以 datetime 形式访问序列中的分量,并返回指定的日期时间属性。使用时需要在后面加上准备提取的属性名称,其形式为:Series. dt. <property>。

代码 3.10

```
d1 = copy. deepcopy(data)  # 用于修改,避免影响原始数据
# 将 date 文本转换为标准时间日期格式数据
d1["date"] = pd. to_datetime(d1["date"], format="%Y/%m/%d")
date = d1["date"]
# 将 date 中的各日期时间元素提取出来,并建立单独变量保存
d1["year"] = date. dt. year    # 提取年
d1["month"] = date. dt. month    # 提取月
d1["day"] = date. dt. day    # 提取日
d1["hour"] = date. dt. hour    # 提取时
d1["minute"] = date. dt. minute    # 提取分
d1["second"] = date. dt. second    # 提取秒
```

续

```
d1["quarter"] = date.dt.quarter    # 提取季度
d1["week"] = date.dt.weekofyear    # 提取周数
d1["weekday"] = date.dt.dayofweek    # 提取星期
d1["is_weekend"] = d1["weekday"].isin([5,6])    # 当天是否是周末
d1["day_of_year"] = date.dt.dayofyear    # 提取 date 中的天
d1["leap"] = date.dt.is_leap_year    # 当年是否是闰年
# 日期时间数据的应用
now= datetime.datetime.now()    # 获取当前系统时间
time_diff= now - date    # 计算 date 距离现在的时间差
d1["years_to_now"] = time_diff.dt.days / 365.25    # 计算距今年数
d1["months_to_now"] = time_diff.dt.days / 30.4375    # 计算距今月数
d1["weeks_to_now"] = time_diff.dt.days / 7    # 计算距今周数
d1["days_to_now"] = time_diff.dt.days    # 计算距今天数
d1["hours_to_now"] = time_diff.dt.total_seconds()/3600 # 计算距今小时数
# 将 date 时间日期格式转为指定文本格式
d1["date_str"] = date.dt.strftime('%B%d,%Y,%r')
# 从数据集中抽取 6 个样本显示其结构
print(d1.drop(["amount","address"], axis=1).sample(n=6).T)
```

代码 3.10 除了对日期时间属性进行提取外,还应用日期时间型数据进行了计算演示,其具体方法为:首先,使用 datetime 对象的 datetime.now()方法获得当前系统时间;然后用变量 date 减去当前系统时间得到各样本时间与当前时间的差值序列 time_diff,然后进一步加工成样本时间距离当前的年、月、日等数值。

在代码 3.10 的最后,使用序列的 dt.strftime()方法将 datetime 格式的日期时间型数据转化为我们想让它呈现出来的格式。

上述代码 3.10 的输出结果较多,因此笔者随机抽取了数据集的 6 个样本,将代码输出结果转置后整理成表 3.2,读者可以通过该表观察操作结果。

表 3.2　对日期时间信息提取和应用的效果(抽取 6 个样本)

样本序号	269 871	143 792	325 714	82 078	167 270	111 452
age	49	27	48	36	41	39
gender	女	男	女	女	男	男
channel	个险	NaN	银行邮政	个险	个险	个险

续表

样本序号	269 871	143 792	325 714	82 078	167 270	111 452
date	2018/12/7 00:00	2016/8/3 00:00	2018/9/23 00:00	2016/11/17 00:00	2017/10/7 00:00	2016/4/18 00:00
year	2018	2016	2018	2016	2017	2016
month	12	8	9	11	10	4
day	7	3	23	17	7	18
hour	0	0	0	0	0	0
minute	0	0	0	0	0	0
second	0	0	0	0	0	0
quarter	4	3	3	4	4	2
week	49	31	38	46	40	16
weekday	4	2	6	3	5	0
is_weekend	FALSE	FALSE	TRUE	FALSE	TRUE	FALSE
day_of_year	341	216	266	322	280	109
leap	FALSE	TRUE	FALSE	TRUE	FALSE	TRUE
years_to_now	1. 10609	3. 44969	1. 31143	3. 15948	2. 27242	3. 74264
months_to_now	13. 2731	41. 3963	15. 7372	37. 9138	27. 269	44. 9117
weeks_to_now	57. 7143	180	68. 4286	164. 857	118. 571	195. 286
days_to_now	404	1260	479	1154	830	1 367
hours_to_now	9 707. 45	30 251. 4	11 507. 4	27 707. 4	19 931. 4	32 819. 4
date_str	December 07, 2018, 12:00:00 AM	August 03, 2016, 12:00:00 AM	September 23, 2018, 12:00:00 AM	November 17, 2016, 12:00:00 AM	October 07, 2017, 12:00:00 AM	April 18, 2016, 12:00:00 AM

本章练习

练习内容:使用本章所介绍的方法对以下数据集进行数据纠错及格式处理。

数据集名称：Used cars for sale in Germany and Czech Republic since 2015。

数据集介绍：该数据集是在 2015 年后的一年多时间里从捷克共和国和德国的几个网站上抓取的二手车销售的数据。这个数据集存在大量缺失值、错误数据等问题。数据收集的目的是通过对该数据集的分析与建模来预测二手车的价格，进而分析二手车价格的决定因素。

数据集链接：https://www.kaggle.com/mirosval/personal-cars-classifieds。

❖ 4 数据类型转换

❖ **学习目标:**

1. 掌握数据类型转换的基本概念与作用;

2. 掌握使用客观法进行数据离散化的原理和操作方法,包括等宽法和等频法;

3. 掌握使用主观法进行数据离散化的原理和操作方法,包括离散化为二分类变量和离散化为顺序变量;

4. 掌握定性变量形式转换的原理和操作方法,包括定性变量转换为哑变量(one-hot 码)、顺序变量转换为得分;

5. 掌握定性变量的平滑化方法。

4.1 概述

在数据集中,变量的数据类型由其所反映事物的客观状态和数据采集时的客观技术条件所决定。当进入数据分析阶段后,经常会出现变量数据类型与分析需求不匹配的情况,此时需要对数据的类型进行转换。

例如,一些机器学习方法(特别是一些分类器模型),如决策树、朴素贝叶斯模型等,要求输入数据是分类型数据(定性变量)。如果获取的数据是连续型,为了能够应用这些模型进行分析,就必须将连续型变量离散化为定性变量,此时的变量类型转换也可称为数据离散化。

再如,某些分析场景下,原本的定性变量形式不再适应分析需求,此时需要采用合适的方法转换变量的形式以满足分析需要,包括将多分类变量转换为二分类变量和将顺序型变量转换为得分等情况。

数据类型转换是一类非常重要的数据预处理方法。本节将从含义和作用两个方面介绍为何要进行数据类型转换,并介绍用于本章后两节的数据集。

4.1.1 数据类型转换的含义与作用

数据类型转换是指根据数据分析的需求,在保留其基本数据含义的基础上将其数据类型从一种状态转换为另一种状态的操作,具体包括将连续型数据转换为定性数据(数据离散化)、将多分类型数据转换为二分类型数据、将顺序型数据转换为得分数据等几种形式。

4.1.1.1　数据离散化

数据离散化指的是一类将连续型变量(很多时候也包含能够看作连续型的离散变量)在保留其基本数据含义的基础上将其转换为定性变量的操作,它并没有特别严谨的学术性定义。但是在理论和操作层面对数据离散化的含义进行探讨,可以帮助读者在本章学习中更好地掌握数据离散化的内涵。

(1)数据离散化的理论含义:数据离散化是指把无限空间中有限的个体映射到有限的空间中,以此提高算法的时空效率。

(2)数据离散化的操作含义:数据离散化是指将连续型变量的每个取值映射到根据客观或主观标准事先确定好的一系列分组或分类中,从而得到定性变量的数据预处理方法。

根据上述含义,数据离散化包括了两个任务:第一个任务是确定需要的类别或分组;第二个任务是将连续型数据的值映射到这些类别或分组中。

4.1.1.2　定性变量数据类型的转换

与数据离散化的原因和目的一样,当定性变量自身的数据类型不能满足分析需求时,需要在保留其基本数据含义的基础上将其类型转化为其他形式。具体如下:

(1)将多分类变量转化为二分类变量。多分类数据类型往往来源于事物的自然属性,是对现象的直观表达。但是多分类形式的数学性质不好,难以适用于目前很多成熟高效的分析模型,因此经常需要转换为二分类(0-1)型变量使用。

(2)将顺序变量转化为得分变量。顺序型数据通常来源于满意度、综合评价等研究场景。这种形式体现了不同等级间"质"的区别,但没有体现等级间"量"的差异,使得顺序型数据是一种定性而非定量的数据类型。如果某些研究场景可以针对等级间"量"的差异设定一些假设(如等级间差异均等),则可以将顺序变量转化为得分变量。

(3)定性变量的平滑化。很多定性变量(不仅是顺序变量)其实隐含了类别间差异的信息[①]。如果能够找到某一与定性变量存在紧密关联的定量变量,

---

① 例如,当数据集中包含了"职业类别"这一变量时,该变量往往被认为是分类型变量,类别间不存在差异。但是当该变量应用于某一具体研究场景时(如收入研究、劳动强度研究等),不同的职业类别间就存在明显的差异了。

则可以基于定量变量加工出一个新变量,使其既包含定性变量的分类含义,又体现出类别间的量化差异水平。由于这种方法用定量信息将原定性变量间的差异进行了量化表示,从可视化层面看是将锯齿状的形式平滑为曲线形式,因此称为定性变量的平滑化。

4.1.1.3 数据类型转换的作用

对数据类型进行转换具有如下作用:

(1)适应算法需要。许多机器学习模型需要输入数据为分类型数据,例如,Logistic 回归、决策树等,因此如果获得的数据是连续型变量,就需要将其离散化为定性变量,以便使用这些模型完成分析任务。同时,在一些需要输入数据类型为连续型的场景下,原本为顺序型的数据只有转化为得分才能够适应算法需求。

(2)使变量包含的信息更接近知识层面的表达,从而更容易理解。在现实中,人们常常会以定性的尺度看待问题。比如,某年某月 12 日和 15 日的 24 小时降雨量分别为 8 毫米和 20 毫米,不熟悉雨量等级划分的人很难理解这两个数字所代表的雨量大小。但是如果说 12 日下的是小雨,15 日下的是中雨,就非常容易理解了。

(3)可以克服连续型变量中隐藏的缺陷,使模型结果更加稳定。例如,在研究人的年龄对其消费习惯的影响时,如果使用连续型数据就会产生诸如"年龄每增加 1 岁,消费增加×××元"这样似是而非的结论。但是如果将年龄离散化为青年、中年、老年的形态,则可能会得到诸如:"老年人平均比中年人少消费×××元"这样更加有意义的研究结论。

(4)可以克服定性变量固有的信息表达不充分的缺陷,使数据同时包含定性和定量含义。例如,分类型变量"职业类型"仅仅能表示被调查者职业不同,具体哪里不同,差异多大等进一步信息则无法体现。如果与定量变量"收入"相结合,得到类似"公务员平均收入××××元""企业普通职员平均收入××××元"这样的数据形式,则可以明确体现不同职业类别在收入上的量化差异水平。

4.1.2 数据及变量的类型

读者在阅读与数据分析有关的书籍时,会发现表示事物类别属性的数据有很多不同的名称,如定性数据、分类型数据、顺序型数据、分组型数据、离散型数据等。由这些数据组成的变量可以称为定性变量、分类变量、顺序变量、分组型变量和离散型变量。本部分介绍数据及变量的类型,并辨析上述名词的异同。

4.1.2.1 数据与变量

首先需要讨论的是数据类型和变量类型。

数据是一个含义甚广的概念，是指对客观事物通过观察、调查、测量等手段进行记录形成的符号型结果。数据不仅仅指狭义上的数字，还可以是文字、字母、符号、图形、图像、视频、音频等可以被记录并转换为数字形态的内容。由于当前处理数据的主要工具是计算机，因此虽然广义的数据并不要求其一定具有数字形态，但至少应当能够通过一定技术手段转换为可被计算机识别并处理的形态。

变量的概念在不同领域有着较大区别。在计算机科学领域中，变量指计算机语言中能储存计算结果或能表示值的抽象概念；而在统计学领域中则是指对某一事物进行连续观察或测量所得到的一组数据，对应数据集中的列。在本书中采取统计学中对于变量含义的界定，将数据集中的列称为"变量"，其所包含数据的类型即为变量的类型。

4.1.2.2 变量的类型

根据统计学关于变量的概念，变量的类型即是其数据的类型。数据的类型是由其测量尺度(scale)决定的，测量尺度主要有四种，分别为定类尺度(nominal)、定序尺度(ordinal)、定距尺度(interval)、定比尺度(ratio)。

(1)定类尺度。定类尺度是最粗略、计量层次最低的测量尺度，其作用是按照一定原则为事物分类。在这一尺度下各类别间不存在次序差异，仅能进行等于和不等于运算。使用定类尺度测量得到的数据一般称为分类型数据，包含分类型数据的变量为分类变量。

(2)定序尺度。定序尺度的作用也是为事物分类，但是其所分类别间有次序区别，所以类别间除了能够进行等于和不等于运算外，还可以进行大于和小于运算。使用定序尺度测量得到的数据一般称为顺序型数据，包含顺序型数据的变量为顺序变量。习惯上将分类变量和顺序变量统称为"定性变量"。

(3)定距尺度。定距尺度具有定序尺度所有的特性，同时定距尺度还具有数量的特征。使用定距尺度得到的数据除了能进行各种比较运算外，还可以进行加和减运算。典型的定距尺度应用是对温度的测量。由于定距尺度的零点是根据需要主观确定的，例如，温度测量中的0℃(摄氏度)是以冰的熔点确定的，而0 ℉(华氏度)是以氯化铵和冰水的混合物的冰点温度确定的(冰的熔点为32 ℉)，所以使用定距尺度测量得到的数据进行乘法和除法运算的结果不唯一，因而是没有意义的。

(4)定比尺度。定比尺度具有定距尺度的所有特点,同时也允许进行乘除运算。使用定比尺度测量得到的数据称为定量数据,包含定量数据的变量称为定量变量。在实际应用时,又将包含连续型定量数据的变量称为连续型变量。

表 4.1 给出了四种测量尺度的特征、适用计算和举例。

表 4.1　数据的测量尺度

尺度名称	其他名称	适用计算	举例
定类尺度	名义、类别、分类	$=$, $\neq$	性别、民族、公司名称
定序尺度	顺序、序列、等级	$=$, $\neq$, $>$, $<$	满意度、教育程度
定距尺度	间隔、间距、区间	$=$, $\neq$, $>$, $<$ $+$, $-$	温度、年份、维度
定比尺度	比率、比例	$=$, $\neq$, $>$, $<$ $+$, $-$, $\times$, $\div$	价格、数量、增长率

在本章中,主要学习的是如何将连续型变量离散化为定性变量,以及如何将特定定性变量转换为其他定性变量形式。根据离散化的方法不同,定性变量又可以分为分类形式、分组形式、0-1 形式等,这里不再一一介绍。

4.1.3　本章使用的数据集

本章使用"二手车数据集"作为演示数据离散化操作的数据来源。在本章中,使用到 Python 语言中的 Pandas、Numpy、sklearn 和 scipy 工具库,代码 4.1 给出了相关设定。

代码 4.1

```
import pandas as pd
import numpy as np
from sklearn.preprocessing import OneHotEncoder
from scipy import stats
```

使用代码 4.2 读取二手车数据集中的数据。

代码 4.2

```
car_data = pd.read_csv(r"d:/CaseData/craigslistVehiclesFull.csv", header=0) # 读取数据
```

代码 4.2 所读入的数据被存放在名为 car_data 的数据框(DataFrame)中,每一个变量的类型都是一个序列(Series)。

由于二手车数据集来源于实际,因此其中很多变量存在大量异常值。例如,变量"price"是发帖人给自己要卖的二手车的定价,但是由于车型不同,某些车辆的定价高达几十万美元,这与二手车常见价格相比显然非常的异常,关于异常值如何识别和处理将在后续章节介绍,本章为了使所介绍的数据离散化方法能够有更加鲜明的效果,对一些变量进行了调整,调整过程会在用到这些变量时进行具体介绍。

4.2 数据离散化

数据离散化的方法很多,按照是否有监督可以分为无监督数据离散化和有监督数据离散化。其中有监督数据离散化事实上是一种对离散形式进行优化的方法,即根据数据离散化后的效果(信息熵的变化、对分析效果的提升等),选择效果最优的方法。有监督数据离散化事实上将无监督数据离散化方法与对数据的建模分析进行了融合,是数据分析的一个步骤,不属于本书所定义的数据预处理范畴。因此在本节中主要介绍无监督数据离散方法。

在无监督数据离散化方法中,按照确定分组或分类所依据的内容,可以进一步分为客观法和主观法两种:使用客观法可以得到分组形式的定性变量,需要以原变量本身的分布特征为依据;使用主观法可以得到分类形式或顺序形式的定性变量,需要以研究者的研究目的为依据。本节分别对两种方法进行介绍。

使用客观法进行数据离散化是计算机科学领域的常见方法,通常被称为"分箱"(binning),主要有等宽法(等宽分箱)和等频法(等频分箱)两种形式;而在统计科学领域客观法和主观法都会用到,前者一般被称作"分组"(grouping),后者一般被称作"分类"(classification)。事实上,无论"分箱"还是"分组",都只是不同领域对同一种方法的称呼,其实质是一样的。

4.2.1 客观法

客观法的特点是根据连续变量的数据分布状态进行离散化。数据分布状态是客观的,这就是客观法中"客观"二字的含义。客观法的具体形式主要有两种,分别为等宽法和等频法。

客观法会根据连续型变量数据分布状态选择具体的离散化形式,一般会产生比较均衡的离散化结果,在后续分析过程中能够较好地与模型相适应。但是客观法无法直接体现分析者的分析意图,在应用后可能会出现与研究对象所处现实场景脱节的情况。

作为示例,本部分将使用二手车数据集中的变量"price"进行操作演示。由于该变量存在异常值情况,因此为了演示结果更加明显,笔者使用代码 4.3 对异常值进行了简单处理。需要指出的是,在实际应用时异常值本身可能存在很高的信息价值,是不能轻易进行删除操作的。

代码 4.3

```
#消除异常值
#计算变量 price1%和 99%分位点
qt=stats.scoreatpercentile(car_data["price"],[1,99])
#去掉最大和最小的 1%数据,从而消除异常值
price1=car_data["price"]
price=car_data["price"][(price1>qt[0])&(price1<qt[1])]
```

4.2.1.1 等宽法

等宽法适用于对数据分布较为均匀的连续型变量进行离散化,根据变量的取值范围,建立若干个宽度相等且首尾相连的区间,将变量的每个值映射到相应的区间,并以区间名称作为新的离散型变量的值。例如,二手车数据集中的变量 price,其数据形式为:

$$\{11\,900,1\,515,17\,550,2\,800,400,9\,900,\cdots\}$$

如果使用等宽法将这些值映射到五个宽度相等的区间中(为了保证变量的最大值和最小值能够被包含进来,所以第一个和最后一个区间有时会适当调整),这些区间的形式为:

$$(-49.996,10\,401.2] < (10\,401.2,20\,800.4] < (20\,800.4,31\,199.6]$$
$$< (31\,199.6,41\,598.8] < (41\,598.8,51\,998.0]$$

可以观察到,上述区间的宽度均为 10 399.2(第一个区间有适当调整),则变量 price 的形式变为:

$$\{(10\,401.2,20\,800.4],(-49.996,10\,401.2],(10\,401.2,20\,800.4],$$
$$(-49.996,10\,401.2],(-49.996,10\,401.2],(-49.996,10\,401.2],\cdots\}$$

需要注意的是,区间个数需要事先确定,一般不宜过多或过少。区间过多虽然会将原变量的分布形式保留得比较完整,从而降低原变量在离散化过程中的信息损失,但会失去数据分组所带来的信息整合效果,使数据离散化失去意义;区间过少则会破坏原变量的数据分布形式,从而在离散化过程中损失过多

的信息,造成变量在分析过程中起不到应有的作用。本书不给出区间数量的建议,因为选择多少个区间需要分析者根据实际情况判断,永远不会有标准答案。

使用 Pandas 工具库中的 cut 函数可以实现等宽法离散化过程。例如,对前文提到的变量 price 进行等宽法离散化,设定组数为 5,见代码 4.4。

代码 4.4

```
# 等宽分箱
bin_1 = pd.cut(price, bins=5)   # 设定组数为 5
# 将原变量和等宽分箱结果合并进一个数据框
d1 = {"price":car_data["price"], "bin":bin_1}
p1 = pd.DataFrame(data = d1)
print("等宽分箱结果:\n%s" % p1[0:20])
print("等宽分箱频数分布:\n%s" % bin_1.value_counts())
```

代码 4.4 的运行结果见代码执行结果 4.1(所有结果仅展示前 20 行数据,下同)。从代码执行结果 4.1 可以观察到,等距分组会产生宽度完全相同的分组形式,但是每个组内所包含原变量值的个数又有很大差别。其中(-49.996, 10 401.2]组包含了 100 多万个原变量值,而最少的(41 598.8, 51 998.0]组才包含了 2 万多个原变量值,这显然非常不平衡,对于某些分析方法可能会产生不利影响。

代码执行结果 4.1

```
等宽分箱结果:
            price              bin
0          11900       (10401.2, 20800.4]
1           1515       (-49.996, 10401.2]
2          17550       (10401.2, 20800.4]
3           2800       (-49.996, 10401.2]
4            400       (-49.996, 10401.2]
5           9900       (-49.996, 10401.2]
6          12500       (10401.2, 20800.4]
7           3900       (-49.996, 10401.2]
8           2700       (-49.996, 10401.2]
9          12995       (10401.2, 20800.4]
10          4000       (-49.996, 10401.2]
11         13000       (10401.2, 20800.4]
12         21695       (20800.4, 31199.6]
```

续

13	18000	(10401.2, 20800.4]
14	29000	(20800.4, 31199.6]
15	4500	(-49.996, 10401.2]
16	9865	(-49.996, 10401.2]
17	41896	(41598.8, 51998.0]
18	44678	(41598.8, 51998.0]
19	32546	(31199.6, 41598.8]
等宽分箱频数分布:		
(-49.996, 10401.2]	1062435	
(10401.2, 20800.4]	387809	
(20800.4, 31199.6]	157060	
(31199.6, 41598.8]	59883	
(41598.8, 51998.0]	20787	
Name: price, dtype: int64		

4.2.1.2 等频法

等频法适用于对数据分布不均匀的连续型变量进行离散化。根据连续型变量的数据分布特征,建立若干个首尾相连的区间,通过调整各个区间的宽度使各区间包含原变量值数量大致相等。在区间确定后,与等宽法的做法相同,将连续型变量的每个值映射到相应的区间,并以区间名称作为新的离散型变量的值。仍然对二手车数据集中的变量 price 进行分组,其原数据形式为:

$$\{11\,900,1\,515,17\,550,2\,800,400,9\,900,\cdots\}$$

如果使用等频法将这些值映射到五个宽度不等,但包含原变量值数量大致相等的区间中,这些区间的形式为:

$$(1.999,2\,800.0] < (2\,800.0,5\,495.0] < (5\,495.0,9\,500.0]$$
$$< (9\,500.0,16\,999.0] < (16\,999.0,51\,998.0]$$

可以观察到,上述区间中,宽度最小的为 801,宽度最大的为 34 999,差距非常大。则变量 price 的形式变为:

$$\{(9\,500.0,16\,999.0],(1.999,2\,800.0],(16\,999.0,51\,998.0],$$
$$(1.999,2\,800.0],(1.999,2\,800.0],(9\,500.0,16\,999.0],\cdots\}$$

对于区间的数量,等频法与等宽法有着相同的要求。

使用 Pandas 工具库中的 qcut 函数可以实现等频法离散化过程。对变量 price 进行等频法离散化,设定组数为 5,见代码 4.5,运行结果见代码执行结果 4.2。

代码 4.5

```
# 等频分箱
bin_2 = pd.qcut(price, q=5)    # 设定组数为5
# 将原变量和等频分箱结果合并进一个数据框
d1 = {"price":car_data["price"], "bin":bin_2}
p1 = pd.DataFrame(data = d1)
print("等频分箱结果：\n%s" % p1[0:20])
print("等频分箱频数分布：\n%s" % bin_2.value_counts())
```

代码执行结果 4.2

```
等频分箱结果：
        price              bin
0       11900       (9500.0, 16999.0]
1       1515        (1.999, 2800.0]
2       17550       (16999.0, 51998.0]
3       2800        (1.999, 2800.0]
4       400         (1.999, 2800.0]
5       9900        (9500.0, 16999.0]
6       12500       (9500.0, 16999.0]
7       3900        (2800.0, 5495.0]
8       2700        (1.999, 2800.0]
9       12995       (9500.0, 16999.0]
10      4000        (2800.0, 5495.0]
11      13000       (9500.0, 16999.0]
12      21695       (16999.0, 51998.0]
13      18000       (16999.0, 51998.0]
14      29000       (16999.0, 51998.0]
15      4500        (2800.0, 5495.0]
16      9865        (9500.0, 16999.0]
17      41896       (16999.0, 51998.0]
18      44678       (16999.0, 51998.0]
19      32546       (16999.0, 51998.0]
等频分箱频数分布：
(1.999, 2800.0]        346704
(5495.0, 9500.0]       338680
(9500.0, 16999.0]      337777
```

```
(16999.0, 51998.0]          335285
(2800.0, 5495.0]            329528
Name: price, dtype: int64
```

代码执行结果 4.2 显示,等频分组虽然产生了宽度差异较大的区间,但保证了各分组包含原变量的个数基本相等,在本例中各组均包含了 33 万~34 万个原变量值。

4.2.2　主观法

使用客观法进行分组需要以原变量数据分布为依据。但是在很多分析场景下,仅仅依靠这些客观信息所进行的分组无法很好地实现分析意图。例如,某课程考试的成绩,通常按照不低于 60 分判断其是否及格。此时如果希望将课程成绩这一变量离散化为 {及格,不及格} 形式,则无论学生这门课成绩的分布是否均匀,都只能依据不低于 60 分这一主观给定的标准来实现分类。类似的场景非常多,比如,根据顾客对某一产品质量或服务的评分将满意度分为 {满意,一般,不满意} 形式,根据预测精度标准将预测结果分为 {预测成功,预测失败} 形式等。这类方法有可能会产生诸如低频分类数据、不平衡数据等问题,本书在后面的章节将介绍如何处理这些情况。

使用主观法进行离散化时,根据原变量值性质和离散化的目的,可以将原变量离散化为二分类变量和顺序变量,下面将分别进行介绍。

4.2.2.1　离散化为二分类型(0-1 型)变量

二分类变量是指仅有两个类别的定性变量类型。在形式上,定性变量可以包含多个分类,根据类别间是否包含次序信息又可以进一步分为顺序变量和分类变量。然而二分类变量比较特殊,由于其只包含两个类别,因此即使类别间能够分出次序,一般也不将其看作顺序变量。

二分类变量可能是最有用的定性变量形式。由于二分类变量将某一个集合分成了互不相容的两个子集,因此可以作为大量现实现象的描述手段。读者可以稍微思考一下在我们的生活和工作中有多少事物是可以划分成两个类别的,比如,正和负、有和无、成功与失败等等。根据二分类的这些特点,不妨将二分类变量统一概括为表示“具备或不具备某一属性”这一含义。

二分类变量的表现形式很多,最常用的形式为 0-1 型,所以有时也可以称其为 0-1 型变量。其中,类别“1”一般对应“是”“有”“好”“成功”等含义,类别“0”一般对应“否”“无”“坏”“失败”等含义。由于“0”和“1”既代表不同类别又是数字形态,因此可以非常方便地被用于大量模型中。

将连续型变量离散化为 0-1 型变量,关键步骤是定义划分的条件,即符合某一条件的样本被标记为 1,不符合该条件的样本被标记为 0。根据条件复杂程度,又可以分为单一条件情况和复合条件情况。其中复合条件是指使用多个单一条件组合而成的更加复杂的条件。条件之间使用"与""或""非"等逻辑运算进行组合。

下面以二手车数据集中变量 odometer 为例,介绍使用 Python 语言将连续型变量进行离散化(名为 bin_3)为 0-1 型变量的操作方法。

(1)单一条件。代码 4.6 展示了以"变量 odometer 值是否为 0"为条件对其进行离散化的过程。这段代码使用了 Pandas 中的二元运算符函数 Series. eq (other),其作用是检查序列中的值是否等于给定的某一个值(或序列)。代码中 car_data["odometer"]. eq(0)的含义就是检查变量 odometer 中的值是否等于 0,如果等于 0,则会返回"True",否则返回"False"。进一步,使用 Series. astype (int)将 True 转换为 1、False 转换为 0。为了使读者能够更清楚地看明白二分类离散化的结果,在完成了离散化后,进一步将 0-1 型的 bin_3 和原变量 odometer 合并到一个数据框中共同展示。代码 4.6 的执行结果见代码执行结果 4.3。

代码 4.6

```
# 离散化为 0-1 型变量(条件:变量 odometer 值为 0)
bin_3 = car_data["odometer"].eq(0).astype(int) # 离散化为 0-1 形式
# 将原变量和 0-1 型变量合并进一个数据框
d1 = {"odometer":car_data["odometer"], "bin":bin_3}
p1 = pd.DataFrame(data = d1)
print("二分类离散结果:\n%s" % p1[0:20])
print("二分类离散各类频数:\n%s" % bin_3.value_counts())
```

代码执行结果 4.3

二分类离散结果:

	odometer	bin
0	43600.0	0
1	NaN	0
2	NaN	0
3	168591.0	0
4	217000.0	0
5	169000.0	0

续

6	39500.0	0
7	0.0	1
8	NaN	0
9	236000.0	0
10	138000.0	0
11	350000.0	0
12	44814.0	0
13	NaN	0
14	31500.0	0
15	103456.0	0
16	193599.0	0
17	38578.0	0
18	37230.0	0
19	39555.0	0
二分类离散各类频数:		
0	1717605	
1	5460	
Name: odometer, dtype: int64		

　　观察代码执行结果 4.3 可以发现,对变量 odometer 的离散化是成功的,但其频数差距过于悬殊,仅有 5 460 个数据被标记为1,如果使用该数据建模分析的话可能会出现数据不平衡现象(作为因变量)或低频分类数据现象(作为自变量)。同时还可以观察到,变量 odometer 中存在相当多的缺失值(NaN)。因此可以进一步思考,是否可以将 NaN 也标记为 1 呢? 这就需要再增加一个判断数据是否为缺失值的条件了。

　　(2)复合条件情况:"或"运算。如果需要将值为 0 和 NaN 的数据都标记为1,需要同时判断两个条件:"变量 odometer 的值等于 0"和"变量 odometer 的值等于 NaN"。当这两个条件中的任何一个条件成立时,都可以将该数据标记为1,否则标记为"0",因此这两个条件间是典型的逻辑运算"或"的关系,需要使用到运算符"|"。

　　代码 4.7 展示了如何实现上述离散化过程。其中第二个条件用到了二元运算符函数 Series. isna( ),该函数会检查序列,当序列值为 NA 或 NaN 时返回True,否则返回 False。代码执行结果 4.4 显示了转换的结果,可以发现,对变量odometer 的离散化同样是成功的。并且两个类别的频数分布更加合理,被标记为 1 的数据达到 569 514 个,这也说明数据中存在大量的缺失值。

代码 4.7

```
# 离散化为 0-1 型变量(条件:变量 odometer 值为 0 或 NaN)
bin_3 = car_data["odometer"].eq(0)|car_data["odometer"].isna() # 找
出 odometer 为 0 或缺失值的值
bin_3 = bin_3.astype(int) # 转换为 0-1 形式
# 将原变量和 0-1 型变量合并进一个数据框
d1 = {"odometer":car_data["odometer"], "bin":bin_3}
p1 = pd.DataFrame(data = d1)
print("二分类离散结果:\n%s" % p1[0:20])
print("二分类离散各类频数:\n%s" % bin_3.value_counts())
```

代码执行结果 4.4

二分类离散结果:

	odometer	bin
0	43600.0	0
1	NaN	1
2	NaN	1
3	168591.0	0
4	217000.0	0
5	169000.0	0
6	39500.0	0
7	0.0	1
8	NaN	1
9	236000.0	0
10	138000.0	0
11	350000.0	0
12	44814.0	0
13	NaN	1
14	31500.0	0
15	103456.0	0
16	193599.0	0
17	38578.0	0
18	37230.0	0
19	39555.0	0

续

```
二分类离散各类频数：
0        1153551
1         569514
Name: odometer, dtype: int64
```

（3）复合条件情况："与"运算。如果需要将行驶里程处于合理区间的二手车标记出来，例如，设定条件"odometer 在 30 000 到 100 000 之间"。这个条件实际是由两个条件组成的，第一个条件是"odometer 大于等于 30 000"；第二个条件是"odometer 小于等于 100 000"。可以发现，只有当两个条件同时满足时，才能够满足"odometer 在 30 000 到 100 000 之间"这一复合条件，因此这是一个典型的"与"运算，需要用到"&"运算符。代码 4.8 展示了如何实现上述离散化的过程。

代码 4.8

```
# 离散化为 0-1 型变量(条件：变量 odometer 值在 30000 到 100000 之间)
bin_3 =
car_data["odometer"].ge(30000)&car_data["odometer"].le(100000)
# 找出 odometer 在 30000 到 100000 之间的值
bin_3 = bin_3.astype(int) # 转换为 0-1 形式
# 将原变量和 0-1 型变量合并进一个数据框
d1 = {"odometer":car_data["odometer"], "bin":bin_3}
p1 = pd.DataFrame(data = d1)
print("二分类离散结果：\n%s" % p1[0:20])
print("二分类离散各类频数：\n%s" % bin_3.value_counts())
```

在两个条件中，使用二元运算符函数 Series.ge(other) 检查变量 odometer 中的值是否大于等于 30 000；使用 Series.le(other) 检查变量 odometer 中的值是否小于等于 100 000，如果满足条件，两个函数会返回 True，不满足条件则会返回 False。这段代码的输出见代码执行结果 4.5。

代码执行结果 4.5

```
二分类离散结果：
        odometer      bin
0         43600.0       1
1            NaN       0
2            NaN       0
```

续

3	168591.0	0
4	217000.0	0
5	169000.0	0
6	39500.0	1
7	0.0	0
8	NaN	0
9	236000.0	0
10	138000.0	0
11	350000.0	0
12	44814.0	1
13	NaN	0
14	31500.0	1
15	103456.0	0
16	193599.0	0
17	38578.0	1
18	37230.0	1
19	39555.0	1

```
二分类离散各类频数:
0          1331785
1           391280
Name: odometer, dtype: int64
```

观察代码执行结果 4.5 可以发现,对变量 odometer 的离散化同样是成功的,行驶里程在 30 000 到 100 000 之间的二手车有 391 280 辆。

在二分类型离散化方法的介绍中用到了很多二元运算符函数,表 4.2 给出了这些函数的形式及其功能。

表 4.2　可用于二分类型离散化过程的二元运算符函数

函数	功能
Series. lt(other[, level, fill_value, axis])	小于
Series. gt(other[, level, fill_value, axis])	大于
Series. le(other[, level, fill_value, axis])	小于等于
Series. ge(other[, level, fill_value, axis])	大于等于
Series. ne(other[, level, fill_value, axis])	不等于
Series. eq(other[, level, fill_value, axis])	等于
Series. isna( )	是否为 NA 或 NaN

4.2.2.2　离散化为顺序变量

顺序变量是指包含了次序信息的定性变量。例如,经常在满意度研究中使用的五级量表形式(满意,比较满意,一般,比较不满意,不满意),其数据形式可能为:{满意,满意,比较不满意,比较满意,不满意,一般,不满意,…} 。这里面的五个类别是有次序含义的,即 满意 > 比较满意 > 一般 > 比较不满意 > 不满意,虽然类别间只能进行比较运算,但是却拥有比分类变量更加丰富的信息。

顺序型变量有两个获取方式,第一种是通过调查方式直接获取,例如,可以在满意度调查中设置如下问题,通过对被调查者在该问题的选择结果的汇总即可以得到满意度数据。

请问你对本产品质量的满意程度是什么?(　　　)

A. 满意　　B. 比较满意　　C. 一般　　D. 比较不满意　　E. 不满意

第二种是通过将连续型变量离散化得到的。连续型变量本身就具备次序信息,所以通过对连续型变量进行分组得到的分组形式的定性变量本身就是顺序变量,但是使用客观法得到的分组其现实含义往往难以解释,因此在分析时通常需要按照特定含义对数据进行分组,而特定含义则需要分析者根据研究目标主观确定。

仍然以二手车数据集中的变量 odometer 为例,该变量为二手车的行驶里程信息,因此很大程度代了二手车的新旧程度。由于变量 odometer 为连续型,因此单纯观察其里程值很难给人以直观印象,如果能够根据其值将二手车划分为"新车"(new)、"旧车"(used)、"老车"(old)和"破车"(worn),则可以非常形象地体现出二手车的新旧程度。

代码 4.9 和代码执行结果 4.6 展示了将变量 odometer 离散化为顺序变量的过程和输出结果,其值和类别的对应关系见表4.3。

代码 4.9

```
# 离散化为顺序变量
bin_4 = pd.cut(car_data["odometer"],
          bins = [0, 10000, 100000, 200000, np.inf],
          labels = ["new", "used", "old", "worn"],
          include_lowest = True)    # 离散化为顺序变量
# 将原变量和顺序变量合并进一个数据框
d1 = {"odometer":car_data["odometer"], "bin":bin_4}
p1 = pd.DataFrame(data = d1)
print("离散为顺序变量结果:\n%s" % p1[0:20])
print("顺序变量各类频数:\n%s" % bin_4.value_counts())
```

代码执行结果 4.6

```
离散为顺序变量结果:
              odometer          bin
0              43600.0         used
1                  NaN          NaN
2                  NaN          NaN
3             168591.0          old
4             217000.0         worn
5             169000.0          old
6              39500.0         used
7                  0.0          new
8                  NaN          NaN
9             236000.0         worn
10            138000.0          old
11            350000.0         worn
12             44814.0         used
13                 NaN          NaN
14             31500.0         used
15            103456.0          old
16            193599.0          old
17             38578.0         used
18             37230.0         used
19             39555.0         used
顺序变量各类频数:
old            526097
used           472594
worn            96243
new             64077
Name: odometer, dtype: int64
```

表 4.3　二手车行驶里程与新旧程度对照表

行驶里程范围	新旧程度
0<odometer<10 000	new
10 000<odometer<100 000	used
100 000<odometer<200 000	old
odometer>200 000	worn

代码 4.9 仍然使用了在客观法中使用到的 Pandas 工具库中的 cut 函数。在这里不是简单地设定分组个数,而是根据表 4.3 设定了参数:bins = [0, 10000, 100000, 200000, np. inf],并给每个分组设定了标签:labels = ["new", "used", "old", "worn"]。

观察代码执行结果 4.6 可以发现,对变量 odometer 的离散化是成功的,在所有的二手车中,行驶里程在 10 000 到 200 000 之间的"旧车"和"老车"占了大多数,"新车"和"破车"则数量相对较少。同时,变量 odometer 中的缺失值在离散化的结果中仍然是缺失值状态。

4.3　定性变量数据类型的转换

在 4.2 节中,我们介绍了将连续型变量离散化为定性变量的方法。离散化可以使连续型变量的含义更加清晰,同时克服了它的一些缺陷,从而有利于后续分析。细心的读者可能已经发现,使用这些离散化方法得到的结果都是顺序变量(0-1 型除外),而没见到分类变量。这是因为连续型变量本身就具有次序属性,因此将其离散化后会形成顺序变量。分类变量由于不包含次序属性,所以不可能由连续型变量离散化得到。

有些时候研究者不仅需要将连续型变量离散化为定性变量,还需要将某些定性变量转换为其他形式。这一转换虽然不能称为离散化,但是其目的相同,都是为了便于分析建模。本节将介绍定性变量形式转换的三种典型情况,即定性变量的哑变量化、顺序变量的赋值和定性变量的平滑化。

4.3.1　定性变量转换为哑变量

在前面 4.2.2 部分已经介绍了如何将连续型变量根据给定条件转换为 0-1型变量。但是在很多时候,还需要将多分类的定性变量也转换为 0-1 型变量。二手车数据集中反映车辆能源形式的变量 fuel 是一个典型的多分类定性变量,其类别包括汽油(gas)、柴油(diesel)、混合动力(hybrid)、电动(electric)和其他(other)五种,此外还有很多缺失值(NaN)。使用代码 4.10 可以观察变量 fuel各类别的分布情况,得到结果如代码执行结果 4.7 所示。可以看到,绝大多数二手车的能源形式为汽油,能源形式为柴油的二手车也占到一定比例,其他能源形式的占比较小。

这种多分类的定性变量在分析时并不好用,因为它很难体现出每个类别单独的效应和类别间的效应。如果将其转换为 0-1 型变量形式,使每个类别有一个单独的变量相对应,就可以更好地在模型中体现该类别。

代码 4.10

```
# 观察变量 fuel 的分布情况
  car_data["fuel"].value_counts()
```

代码执行结果 4.7

```
Gas          1531426
diesel       121712
other        46161
hybrid       10945
electric     2454
Name: fuel, dtype: int64
```

4.3.1.1　哑变量的概念与特征

　　哑变量(dummy variable)又称为虚拟变量、二分类变量、0-1 型变量等,是一种在数据分析中使用率非常高的变量形式。哑变量只有两个类别,用 0 和 1 表示。其中 1 代表具备某一性质,0 代表不具备这一性质。哑变量本身属于定性变量,但是由于其具备 0-1 形式,因此完全可以当成数值型变量使用。同时哑变量的形式和内涵又与二进制数字的形式和内涵一致,其 0-1 形态与逻辑型数据的 False 和 True 相同,因此非常利于使用各种计算机领域的方法和模型进行处理。

　　任何一个 k 个类别的定性变量都可以转换为 $k-1$ 个哑变量,例如,定性变量 X 有 A、B、C、D、E 五个类别,可以将其转换为 4 个哑变量 X_B、X_C、X_D、X_E,分别对应了 B、C、D、E 四个类别,当原变量 X 取值为 B、C、D、E 的某一个值时,则其对应的哑变量取值为 1,同时其余哑变量取值为 0。原变量和哑变量的对应关系见表 4.4。

表 4.4　原变量与哑变量对应表

| 原变量 | 哑变量 | | | |
X	X_B	X_C	X_D	X_E
A	0	0	0	0
B	1	0	0	0

续表

原变量	哑变量			
X	X_B	X_C	X_D	X_E
C	0	1	0	0
D	0	0	1	0
E	0	0	0	1

读者可能已经发现,在上述 4 个哑变量中没有对应类别 A 的哑变量,这是因为,当某一行数据在 X_B、X_C、X_D、X_E 四个哑变量上的值均为 0 时,就意味着这一行数据在原变量 X 中为类别 A ,因此使用 $k-1$ 个哑变量不会影响原变量 X 状态的表达。如果再单独设置一个对应类别 A 的哑变量,则会在没有实际增加模型解释能力的情况下增加模型的自由度,从而使模型更加复杂。

4.3.1.2 哑变量与 one-hot 码

"哑变量"是在统计学领域内对于 0-1 形式定性变量的称呼,而在计算机科学领域则将其称为 one-hot 码(独热码)。仍然假设定性变量 X 有 A、B、C、D、E 五个类别,其 one-hot 码形式见表 4.5。

表 4.5　原变量与 one-hot 码对应表

原变量	one-hot 码				
X	1	2	3	4	5
A	1	0	0	0	0
B	0	1	0	0	0
C	0	0	1	0	0
D	0	0	0	1	0
E	0	0	0	0	1

对比表 4.4 和表 4.5 可以发现,同样是对于变量 X ,将其转换成哑变量形式后得到了 4 个哑变量,将其转换为 one-hot 码则得到了 5 个列。one-hot 码的特征是:如果定性变量有 k 个状态(类别),就需要有 k 个比特(bit)[①]来描述,其中只有一个比特为 1,其他比特全为 0。因此 one-hot 码与哑变量的区别在于对

---

① 比特(bit),计算机专业术语,是二进制数字中的位,为信息量的最小单位。

于 k 个类别的定性变量,将其转换为哑变量需要 $k-1$ 个哑变量,将其转换为 one-hot 码需要 k 个比特的编码位数。

4.3.1.3 定性变量转换为哑变量

将定性变量转换为哑变量,可以使用 Pandas 工具库中的 get_dummies( )函数。代码 4.11 展示了使用该函数将二手车数据集中的变量 fuel 转换为哑变量的方法,其执行结果见代码执行结果 4.8。

代码 4.11

```
# 将变量 fuel 转换为哑变量(以某一类别为全 0 项,包含缺失值)
dummy_fuel = pd.get_dummies(car_data["fuel"],
                 prefix="f", dummy_na = True,
                 drop_first = True)
# 将原变量和哑变量合并进一个数据框
d1 = {"fuel":car_data["fuel"][0:20]}
p1 = pd.DataFrame(data = d1).join(dummy_fuel[0:20] )
print("建立哑变量结果:\n%s" % p1)
```

代码执行结果 4.8

```
建立哑变量结果:
```

	fuel	f_electric	f_gas	f_hybrid	f_other	f_nan
0	gas	0	1	0	0	0
1	gas	0	1	0	0	0
2	gas	0	1	0	0	0
3	gas	0	1	0	0	0
4	gas	0	1	0	0	0
5	gas	0	1	0	0	0
6	gas	0	1	0	0	0
7	gas	0	1	0	0	0
8	electric	1	0	0	0	0
9	gas	0	1	0	0	0
10	gas	0	1	0	0	0
11	diesel	0	0	0	0	0
12	gas	0	1	0	0	0
13	gas	0	1	0	0	0
14	gas	0	1	0	0	0

续

15	gas	0	1	0	0	0
16	gas	0	1	0	0	0
17	gas	0	1	0	0	0
18	gas	0	1	0	0	0
19	gas	0	1	0	0	0

在代码 4.11 中需要强调以下三个参数。

prefix：使用 get_dummies( )函数建立的哑变量可以自动命名,其名称的组合形式为"前缀_类别名称",参数 prefix 的作用就是设定前缀,在本例中前缀被设定为"f"。

dummy_na：在本例数据中包含大量缺失值,通过设置 dummy_na = True 可以将缺失值也视为一个类别并建立相应的哑变量。

drop_first：在前文已经介绍过,k 个类别的定性变量转换为 $k-1$ 个哑变量,也即有一个类别将没有与之对应的哑变量。通过设置 drop_first = True 可以使 get_dummies( )函数在建立哑变量时自动忽略第一个类别(类别的顺序一般按字母排序)。在本例中,被忽略的类别为 diesel,所以在代码执行结果 4.8 中不会看到名为"f_diesel"的哑变量。

如果将参数 dummy_na 和 drop_first 的值都设置为 False(如代码 4.12 所示),则将得到不包含缺失值类,同时包含名为"f_diesel"的哑变量的结果,如代码执行结果 4.9 所示。此时建立的哑变量其实与 one-hot 码的效果相同。

代码 4.12

```
# 将变量 fuel 转换为哑变量(不以某一类别为全 0 项,不包含缺失值)
dummy_fuel = pd. get_dummies(car_data["fuel"],
prefix="f", dummy_na = False,
drop_first = False)
# 将原变量和哑变量合并进一个数据框
d1 = {"fuel":car_data["fuel"]}
p1 = pd. DataFrame(data = d1). join(dummy_fuel)
print("建立哑变量结果:\n%s" % p1[0:20])
```

代码执行结果 4.9

```
建立哑变量结果:
          fuel  f_diesel  f_electric  f_gas  f_hybrid  f_other
0          gas         0           0      1         0        0
```

续

1	gas	0	0	1	0	0
2	gas	0	0	1	0	0
3	gas	0	0	1	0	0
4	gas	0	0	1	0	0
5	gas	0	0	1	0	0
6	gas	0	0	1	0	0
7	gas	0	0	1	0	0
8	electric	0	1	0	0	0
9	gas	0	0	1	0	0
10	gas	0	0	1	0	0
11	diesel	1	0	0	0	0
12	gas	0	0	1	0	0
13	gas	0	0	1	0	0
14	gas	0	0	1	0	0
15	gas	0	0	1	0	0
16	gas	0	0	1	0	0
17	gas	0	0	1	0	0
18	gas	0	0	1	0	0
19	gas	0	0	1	0	0

4.3.1.4　定性变量转换为 one-hot 码

将定性变量转换为 one-hot 码可以使用 sklearn 工具库中的 OneHotEncoder() 函数,如代码 4.13 所示。因为该函数无法对缺失值进行处理,因此在进行转换前首先使用 Series.fillna() 方法将变量中的所有缺失值替换为"unknown"。这样,"unknown"就成为变量 fuel 的第六个类别。

OneHotEncoder() 函数的使用相对复杂,如代码 4.13 所示,首先建立 one-hot 编码器 ohe,注意此时设定参数 drop = "first",这与代码 4.12 中的 drop_first = True 效果一样,均为忽略第一个类别,因此这时建立的 one-hot 码并不是典型形式。在建立 ohe 后,调用其方法"fit_transform()"对变量 fuel 进行编码并转换为 csr_matrix 数据类型,进而使用 Series.toarray() 方法得到 ndarray 数据类型的 one-hot 编码结果。输出结果见代码执行结果 4.10。

代码 4.13

```
# 将变量 fuel 转换为 one-hot 码
```

续

```
# 建立 one-hot 编码器 ohe,drop = "first"表示以某一类别为全 0 项
ohe = OneHotEncoder(drop = "first")
# 将变量 fuel 转变为数据框形式,并使用"unknown"替换缺失值
fuel = pd.DataFrame(car_data["fuel"]).fillna("unknown")
# 使用 ohe 建立 one-hot 编码
onehot_fuel = ohe.fit_transform(fuel).toarray()
# 将原变量和 one-hot 编码合并进一个数据框
onehot_fuel = pd.DataFrame(onehot_fuel) # 转换为数据框形式
d1 = {"fuel":car_data["fuel"]}
p1 = pd.DataFrame(data = d1).join(onehot_fuel)
print("建立 one-hot 编码结果:\n%s" % p1[0:20])
```

代码执行结果 4.10

建立 one-hot 编码结果:

	fuel	0	1	2	3	4
0	gas	0.0	1.0	0.0	0.0	0.0
1	gas	0.0	1.0	0.0	0.0	0.0
2	gas	0.0	1.0	0.0	0.0	0.0
3	gas	0.0	1.0	0.0	0.0	0.0
4	gas	0.0	1.0	0.0	0.0	0.0
5	gas	0.0	1.0	0.0	0.0	0.0
6	gas	0.0	1.0	0.0	0.0	0.0
7	gas	0.0	1.0	0.0	0.0	0.0
8	electric	1.0	0.0	0.0	0.0	0.0
9	gas	0.0	1.0	0.0	0.0	0.0
10	gas	0.0	1.0	0.0	0.0	0.0
11	diesel	0.0	0.0	0.0	0.0	0.0
12	gas	0.0	1.0	0.0	0.0	0.0
13	gas	0.0	1.0	0.0	0.0	0.0
14	gas	0.0	1.0	0.0	0.0	0.0
15	gas	0.0	1.0	0.0	0.0	0.0
16	gas	0.0	1.0	0.0	0.0	0.0
17	gas	0.0	1.0	0.0	0.0	0.0
18	gas	0.0	1.0	0.0	0.0	0.0
19	gas	0.0	1.0	0.0	0.0	0.0

注意，此时每行数据的 one-hot 码均为 5 比特长，而变量 fuel 此时有六个类别（缺失值已经转换为"unknown"，也算作一个类别）。因此代码执行结果 4.10 所示的 one-hot 码与代码执行结果 4.8 所示的哑变量形式一致。

将代码 4.13 中的 OneHotEncoder( ) 函数的参数 drop = "first" 改为 drop = None（见代码 4.14），则可以得到典型的 one-hot 码形式（如代码执行结果 4.11 所示），此时每行数据的 one-hot 码均为 6 比特长。

代码 4.14

```
# 将变量 fuel 转换为 one-hot 编码
# 建立 one-hot 编码器 ohe,drop=None 表示不以某一类别为全 0 项
ohe = OneHotEncoder(drop = None)
# 将变量 fuel 转变为数据框形式，并使用"unknown"替换缺失值
fuel = pd.DataFrame(car_data["fuel"]).fillna("unknown")
# 使用 ohe 建立 one-hot 编码
onehot_fuel = ohe.fit_transform(fuel).toarray()
# 将原变量和 one-hot 编码合并进一个数据框
onehot_fuel = pd.DataFrame(onehot_fuel) # 转换为数据框形式
d1 = {"fuel":car_data["fuel"]}
p1 = pd.DataFrame(data = d1).join(onehot_fuel)
print("建立 one-hot 编码结果：\n%s" % p1[0:20])
```

代码执行结果 4.11

建立 one-hot 编码结果：

	fuel	0	1	2	3	4	5
0	gas	0.0	0.0	1.0	0.0	0.0	0.0
1	gas	0.0	0.0	1.0	0.0	0.0	0.0
2	gas	0.0	0.0	1.0	0.0	0.0	0.0
3	gas	0.0	0.0	1.0	0.0	0.0	0.0
4	gas	0.0	0.0	1.0	0.0	0.0	0.0
5	gas	0.0	0.0	1.0	0.0	0.0	0.0
6	gas	0.0	0.0	1.0	0.0	0.0	0.0
7	gas	0.0	0.0	1.0	0.0	0.0	0.0
8	electric	0.0	1.0	0.0	0.0	0.0	0.0
9	gas	0.0	0.0	1.0	0.0	0.0	0.0
10	gas	0.0	0.0	1.0	0.0	0.0	0.0
11	diesel	1.0	0.0	0.0	0.0	0.0	0.0

续

12	gas	0.0	0.0	1.0	0.0	0.0	0.0
13	gas	0.0	0.0	1.0	0.0	0.0	0.0
14	gas	0.0	0.0	1.0	0.0	0.0	0.0
15	gas	0.0	0.0	1.0	0.0	0.0	0.0
16	gas	0.0	0.0	1.0	0.0	0.0	0.0
17	gas	0.0	0.0	1.0	0.0	0.0	0.0
18	gas	0.0	0.0	1.0	0.0	0.0	0.0
19	gas	0.0	0.0	1.0	0.0	0.0	0.0

4.3.2　顺序变量转换为得分

顺序变量是定性变量的重要形式,其来源主要有两个:一是使用4.2节所介绍的主观法和客观法从连续型变量转换而来;二是来自直接调查,如满意度调查、信心调查等。正像在4.2节中我们需要将连续型变量转换为顺序变量进行分析一样,有时候我们也需要将顺序变量转换为定量形式。最常用的方式是对顺序变量的每一个类别赋予一个得分,并使得分的大小与各类别的次序相对应。

对于大多数数据集来说,不同类别得分间距的选择对于结果几乎没有任何影响,因此可以直接将(好,一般,差)映射为间距相等的(1,2,3)或(3,2,1)。但是当数据非常不均衡(如某些类别的样本比其他类别明显多时),得分的选择就可能影响检验结果。出现这种情况时,我们可以在对样本排序后计算每个样本的秩(序号),然后将每个类别包含样本的平均秩(也称为中间秩)作为该类别的得分。例如,一共100辆二手车,车况为"好""一般""差"的分别为9辆、50辆和41辆,则类别"好"的中间秩为 (1 + 9) ÷ 2 = 5,类别"一般"的中间秩为 (10 + 59) ÷ 2 = 34.5,类别"差"的中间秩为 (60 + 100) ÷ 2 = 80,因此可以将(好,一般,差)映射为(5,34.5,80)。

在4.2.2中,根据二手车数据集中的变量 odometer 将二手车划分为"新车"(new)、"旧车"(used)、"老车"(old)和"破车"(worn),并使用相应代码得到顺序变量 bin_4(见代码 4.9 和代码执行结果 4.6)。如果我们将 bin_4 当作原生的顺序变量[①],则可以将其转换为得分形式(本书只介绍将顺序变量转换为间距相等的得分的操作方法),如代码 4.15 所示。

---

① 实际上,bin_4 是从连续型变量 odometer 转换而来的,因此将 bin_4 赋值还不如直接使用变量 odometer。本部分为 bin_4 赋值仅仅是希望在展示该方法时不再引入新变量,方便读者的操作。

代码 4.15

```
# 顺序变量的赋值
bin_4_order = bin_4.map({"new": 4, "used": 3, "old": 2, "worn": 1})
# 顺序变量赋值
# 将原变量、顺序变量和顺序变量的赋值合并进一个数据框
d1 = {"odometer":car_data["odometer"],
"bin":bin_4,"bin_order":bin_4_order}
p1 = pd.DataFrame(data = d1)
print("顺序变量赋值结果:\n%s" % p1[0:20])
```

假定二手车越新得分越高,则 new 对应 4 分、used 对应 3 分、old 对应 2 分、worn 对应 1 分。在操作时我们使用 Series. map( )方法建立了每一个类别到得分的映射。执行结果见代码执行结果 4.12。

代码执行结果 4.12

顺序变量赋值结果：

	odometer	bin	bin_order
0	43600.0	used	3.0
1	NaN	NaN	NaN
2	NaN	NaN	NaN
3	168591.0	old	2.0
4	217000.0	worn	1.0
5	169000.0	old	2.0
6	39500.0	used	3.0
7	0.0	new	4.0
8	NaN	NaN	NaN
9	236000.0	worn	1.0
10	138000.0	old	2.0
11	350000.0	worn	1.0
12	44814.0	used	3.0
13	NaN	NaN	NaN
14	31500.0	used	3.0
15	103456.0	old	2.0
16	193599.0	old	2.0
17	38578.0	used	3.0
18	37230.0	used	3.0
19	39555.0	used	3.0

4.3.3 定性变量的平滑化

在 4.2.2 中介绍了对于连续型变量可以根据主观指定的范围将其转变为顺序变量形式。例如,前面例子中按照二手车的行驶里程(变量 odometer)将其划分为四个水平(new、used、old、worn)。但有的时候需求正好反过来,希望根据某一个连续型变量的值将另一个定性变量转换成数值形式,以体现不同类别在某一方面的数量差异性,这个变换可以称为定性变量的平滑化。

定性变量平滑化的目的不是简单地将原变量数据形式进行转换,而是利用另一个变量为原变量赋予更多的信息。例如,在二手车数据集中的变量 manufacturer 给出了二手车的品牌,变量 price 给出了二手车的售价,作为常识大家知道不同品牌在产品的价格定位上是有区别的,因此如果以每种品牌的平均价格(以变量 manufacturer 作为分组变量对变量 price 求均值得到的结果)作为变量 manufacturer 数据的替代,则可以使分类型的变量 manufacturer 具有次序属性,反映汽车品牌中内含的价格定位信息。

因为二手车数据集来源于实际,其二手车的售价是每个车主自己的报价而不是成交价格,从经济学意义上这一价格并不是市场价格,因而数据中有大量违反常理的价格(特别高或特别低),为了避免这些反常价格的干扰,本书在进行平滑化前先使用代码 4.16 消除数据集中价格异常的所有行,得到数据集 car_data1。

代码 4.16

```
# 消除数据集中价格异常的所有行
qt = stats.scoreatpercentile(car_data["price"], [1,99])
car_data1 = car_data[(price1 > qt[0]) & (price1 < qt[1])]
```

代码 4.17 给出了定性变量平滑化的方法。

代码 4.17

```
# 定性变量平滑化
smooth_value = car_data1[["price","manufacturer"]].groupby(
by = "manufacturer", ).mean()  # 计算每个品牌的平均价格
smooth_dict = smooth_value["price"].to_dict() # 转换为字典
smooth_manufacturer = car_data1["manufacturer"].map(
    smooth_dict)  # 将品牌名替换为各自平均价格
```

续

```
# 将原变量和平滑变量合并进一个数据框
d1 = {"manufacturer":car_data1["manufacturer"],
    "smooth_manufacturer ":smooth_manufacturer}
p1 = pd.DataFrame(data = d1)
print("定性变量平滑化结果：\n%s" % round(p1[0:20],2))
```

第一步，使用 DataFrame.groupby( )方法以变量 manufacturer 为依据对数据集进行分组，并调用 DataFrame.mean( )函数计算每组均值，得到数据框 smooth_value。

第二步，使用 DataFrame.to_dict( )将数据框 smooth_value 转换为字典形式 smooth_dict。

第三步，使用 Series.map( )方法，以 smooth_dict 为依据建立变量 manufacturer 每一个类别到变量 price 均值的映射。

运行结果见代码执行结果 4.13。

代码执行结果 4.13

定性变量平滑化结果：		
	Manufacturer	smooth_manufacturer
0	dodge	9379.48
1	NaN	NaN
2	ford	11595.72
3	ford	11595.72
4	NaN	NaN
5	gmc	14186.72
6	jeep	12531.63
7	bmw	11211.04
8	NaN	NaN
9	ford	11595.72
10	chev	7765.86
11	chevrolet	11602.02
12	hyundai	8677.29
13	chevrolet	11602.02
14	hyundai	8677.29
15	chev	7765.86
16	honda	7271.23
17	ram	19357.53

续

| 18 | acura | 8035.19 |
| 19 | bmw | 11211.04 |

本章练习

　　练习内容:使用本章所介绍的方法对以下数据集进行数据类型转换的练习。

　　数据集名称:Used cars for sale in Germany and Czech Republic since 2015。

　　数据集介绍:该数据集是在 2015 年后的一年多时间里从捷克共和国和德国的几个网站上抓取的二手车销售的数据。这个数据集存在大量缺失值、错误数据等问题。数据收集的目的是通过对该数据集的分析与建模预测二手车的价格,进而分析二手车价格的决定因素。

　　数据集链接:https://www.kaggle.com/mirosval/personal-cars-classifieds。

◆ 5 异常分布数据处理 I：低频分类数据、高偏度数据、异常值

◆ **学习目标：**

1. 了解低频分类数据、高偏度数据和异常值的含义；
2. 掌握低频分类数据的观察方法；
3. 掌握低频分类数据的处理方法；
4. 掌握数据偏度的观察及偏度系数的计算方法；
5. 掌握数据偏度的纠正方法；
6. 理解数据偏度对于模型预测的影响；
7. 掌握异常值的识别和标注方法；
8. 掌握异常值截断处理的方法；
9. 理解异常值对数据分析效果的影响。

5.1 概述

在进行数据建模时，数据科学家都喜欢那种"规矩"数据，这类数据都服从如正态分布[①]那样的已知分布形式，从而很容易建立各类模型。然而现实很残酷，真实世界中的数据从来不按照剧本呈现，往往会出现各种各样"异常"分布状况。其实只要分布异常程度不严重就不会过分影响模型结果，通常可以容忍。但是当异常程度较为严重时，就不得不引起我们的关注了。

在数据预处理环节，异常分布数据的处理是一个重要部分。本章和下一章介绍四类典型的数据异常分布情况及其预处理方法。在这一章先介绍低频分类数据、高偏度数据和异常值三种情形；第四种情形为不平衡数据，由于其内容较为复杂，所以单独在下一章介绍。

---

① 正态分布的英文名称是 normal distribution，从单词含义上，normal 也可以翻译成"正常"或"标准"。由此可见，数据科学家们多么喜欢正态分布，因为凡是不服从正态分布的数据都是不正常（abnormal）的。

5.1.1 低频分类数据、高偏度数据和异常值的概念

5.1.1.1 低频分类数据

低频分类是指频数非常低的类别。低频分类数据通常呈现出类别众多,而且很多类别仅有几个甚至一个样本的情况。使用含有低频分类数据的数据建立模型,会使模型的自由度急剧增加,训练难度加大。然而与高昂代价不相适应的是这些低频类别对模型预测能力的贡献几乎可以忽略不计,可谓得不偿失。

低频分类数据的处理方式通常是将频数过低的类别合并为一类,从而降低类别数量,提高类别内的频数。

5.1.1.2 高偏度数据

偏度(skewness)是一个统计学概念,指数据的分布形状没有关于其分布中心对称,而呈现出向左或向右偏的情形,因此高偏度数据也被称为非对称数据。在真实世界中,绝对的对称数据几乎不存在,较弱的偏度并不是不可以容忍的,此时如果仍然假定数据服从对称分布形式(如正态分布)并建立模型,通常是可以接受的。然而如果数据偏度较大时,则会导致很多参数模型无法适用。

高偏度数据的纠正方法通常有对数变换、平方根变换、倒数变换和 BOX - COX 变换几种。

5.1.1.3 异常值

异常值(outlier)指在一个数据序列中与大多数数值相比特别大或特别小的值。异常值的存在会使得统计误差增大,降低测量精度,令模型预测准确度降低。

异常值出现的原因可以粗略地分为两种情况:一种情况是由于在数据采集过程中出现了人为或非人为的错误,这时最好的处理方法是对数据进行核实修改,或在不影响分析的前提下直接删除;另一种情况是异常值本身真实可靠,但其取值与数据集中其他样本相比过于特殊。这时需要具体问题具体分析,如果分析的目标就是这些异常值本身(例如,研究长寿的原因),那么可以在识别出这些异常值后,建立分类变量对其进行标记,然后按照下一章不平衡数据的处理方法进行分析。如果分析的目标并不在这些异常情况上,那么则需要对其进行处理以便降低对分析的干扰。

异常值的处理方通常采取截断的方式,即直接把异常值替换为某一可以接

受的值。

5.1.2 本章所使用的代码库与数据集

本章使用到 Pandas、Matplotlib、Time、Copy、Scipy、Scikit-learn 等代码库(见代码 5.1)。演示数据集使用了二手车数据集、信用卡欺诈检测数据集和波士顿房价数据集。通过代码 5.2 可以读取本章所需的数据集。

代码 5.1

```python
import pandas as pd
import matplotlib.pyplot as plt
import copy
import time
from scipy import stats
from sklearn.datasets import load_boston
from sklearn.linear_model import LinearRegression
from sklearn.linear_model import LogisticRegression
from sklearn.metrics import mean_squared_error, roc_auc_score
from sklearn.model_selection import train_test_split
```

代码 5.2

```python
# 读取二手车数据集
car_data = pd.read_csv(
    r"/Users/Taoren 1/CaseData/craigslistVehiclesFull.csv",
    header=0 )
# 读取信用卡欺诈检测数据集
credit = pd.read_csv(
    r"/Users/Taoren 1/CaseData/creditcard.csv",
    header=0, encoding="utf8")
# 读取波士顿房价数据集
boston = pd.DataFrame(
    load_boston().data,
    columns= load_boston().feature_names)
boston["target"] = load_boston().target
```

5.2　低频分类数据处理

低频分类数据在数据分析实践中很常见,其形成原因可以大致分为两种:或是由于真实的分类结果确实存在低频类别,或是由于采集数据时格式不规范从而形成了一些频数极小(比如仅有一个)的类别。无论何种原因,过多的低频类别会严重影响建模的效率,在数据预处理阶段需要尽量进行处理。

在本节中,首先通过一个具体的例子观察低频分类数据的特点,然后介绍通过合并低频类别的方式处理低频分类数据的方法。

5.2.1　观察低频分类数据

在二手车数据集中,变量 make 为车辆的型号,如丰田公司的 camry(凯美瑞)、本田公司的 civic(思域)等。由于该数据集中的信息都是由 Craigslist 网站用户直接填写的,其填写的内容非常不规范,存在大量低频分类问题。代码 5.3 绘制了变量 make 中各类别频数分布的箱线图(图 5.1)。观察图形可以发现少部分类别计数很高,绝大多数类别的计数很低,箱线图被挤压到 0 附近成为一条线,这说明变量 make 存在大量低频分类情况。

代码 5.3

```
# 通过箱线图观察低频分类现象
box_plot= car_data["make"].value_counts().plot.box()
plt.show()
```

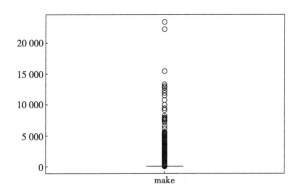

图 5.1　变量 make 各类别计数分布的箱线图

代码 5.4 进一步计算了变量 make 每个类别的频数，由于该变量类别过多，难以一一展示出来，因此仅显示了输出结果的部分内容，见代码执行结果 5.1。从输出结果可以发现，变量 make 共有 107 445 个类别，存在大量计数为 1 的类别。

代码 5.4

```
# 计算每个分类的频数
make_count = car_data["make"].value_counts()
print(make_count)
```

代码执行结果 5.1（部分结果）

```
1500                          23346
f-150                         22243
silverado 1500                15290
2500                          13289
mustang                       13136
accord                        12798
silverado                     12411
wrangler                      11791
civic                         11644
camry                         11473
altima                        10789
f150                          10649
                                ...
1500 longhorn 5.71 v8 ohv16v  1
pro master small city         1
American Motors corp. Hornet  1
f250 plow truck               1
3 skyactiv sedan              1
optima lx manual 5-speed      1
davidson flhx street glide    1
cts 4 3.61 v6 performan       1
Name: make, Length: 107445, dtype: int64
```

代码 5.5 计算了每个频数的类别个数，同样因为输出内容过多，因此仅显示了输出结果的部分内容，见代码执行结果 5.2。从输出结果可以发现，有

66 575 个类别的频数是 1,频数为 2~6 的类别数量也非常多。

代码 5.5

```
# 再计算每个频数的类别个数
print(make_count.value_counts())
```

代码执行结果 5.2（部分结果）

```
1              66575
2              15136
3              6456
4              3508
5              2158
6              1646
               ...
1530           1
1888           1
1120           1
992            1
800            1
603            1
Name: make, Length: 882, dtype: int64
```

这两段代码的输出结果说明变量 make 不但类别众多,还有大量类别的频数极低,如果不加以处理会极大地影响建模效果。

5.2.2   低频分类的处理方法

处理低频分类的方法非常简单直接,即将低频类别进行合并。从技术角度说,合并类别很简单,让数据科学家犹豫不决的往往是合并的方式。最简单的合并方式是将频数低于某一水平的类别直接合并为一类。

代码 5.6 展示了将所有频数低于 100 的类别合并为一类的程序,由于合并类别较为耗时,所以在程序开始前设置了计时器。程序由以下两个步骤实现：

（1）使用 Series. value_counts（）函数计算得到变量 make 每个类别的频数,并命名为 make_count1；

（2）建立新的分类变量 make1,使用 Series. map（）函数使原变量 make 中的每一个值映射为新变量 make1 中的值,映射规则由 lambda 表达式给出,即如果变量原 make 中值 x 的频数 < 100,则在新变量 make1 相应位置上映射为 "category _under100",否则将原值 x 直接映射给 make1。

这段程序的运行结果见代码执行结果 5.3,代码运行时长 11.89 秒,是可以接受的。在新建立的变量 make1 中,类别"category_under100"的频数达到了 376 425 个,说明低频分类情况非常严重。

代码 5.6

```
# 将频数低于 100 的类合为一类
start = time.time() # 用于计算算法耗时
make_count1 = car_data["make"].value_counts()
car_data["make1"] = car_data["make"].map(
    lambda x:"category_under100"
    if make_count1[x] < 100 else x, na_action="ignore")
print("算法耗时%f 秒" % (time.time() - start))
make_count1 = car_data["make1"].value_counts()
print(make_count1)
```

代码执行结果 5.3

```
算法耗时 11.890948 秒
category_under100          376425
1500                       23346
f-150                      22243
silverado 1500             15290
2500                       13289
                ...
elantra touring            100
ml320                      100
scion xa                   100
silverado 1500 classic     100
a3 2.0t                    100
Name: make1, Length: 1746, dtype: int64
```

将所有频数小于 100 的类合并为一类有时过于粗略,在代码 5.7 中,笔者基于代码 5.6 给出了更加细致的做法:对于频数小于 100 的所有类别,将频数等于 1 的合并为一类,命名为"category_1";将频数等于 2 的合并为一类,命名为"category_2"；以此类推（当然，也可以不用如此细致，读者可以根据代码 5.7 自行构造）。这段代码的运行结果见代码执行结果 5.4。

代码 5.7

```
# 将频数低于 100 的类按其频数分类
start = time.time() # 用于计算算法耗时
make_count1 = car_data["make"].value_counts()
car_data["make1"] = car_data["make"].map(
    lambda x: "category_%d" % make_count1[x]
    if make_count1[x] < 100 else x, na_action="ignore")
print("算法耗时%f 秒" % (time.time() - start))
make_count1 = car_data["make1"].value_counts()
print(make_count1)
```

代码执行结果 5.4

```
算法耗时 13.688647 秒
category_1                     66575
category_2                     30272
1500                           23346
f-150                          22243
category_3                     19368
                        ...
mirage es                        100
saab 9-3 2.0t convertible        100
silverado 1500 classic           100
scion xa                         100
dts luxury                       100
Name: make2, Length: 1844, dtype: int64
```

5.3　高偏度数据处理

　　偏度（skewness）是用来测度数据的分布相对其分布中心偏离程度的指标。高偏度数据指的是偏离程度比较严重的数据。由于在统计学理论体系中常常将特定的分布形式作为模型建立的假设前提，因而对于数据的偏度非常重视，产生了很多矫正数据偏度的方法。目前在机器学习方法体系中对于数据分布的假定较少,很少考虑数据偏度问题,但在实际上,经验表明偏度较高的数据会降低模型的预测效果。

本节将分别介绍数据偏度的测量方法、高偏度数据对于数据分析的影响和偏度纠正的方法。

5.3.1 数据偏度的观察和测量

5.3.1.1 箱线图

在观察数据的偏度时,在第 3 章我们介绍过的箱线图是一个非常方便直观的工具。箱线图仅由对应五个统计指标的五条横线及一些辅助性线条组成,非常直观地刻画了数据的分布状况。在绘制了箱线图后,可以观察出数据分布是否有偏。例如,波士顿房价数据集中变量 LSTAT 的箱线图,如图 5.2 所示。

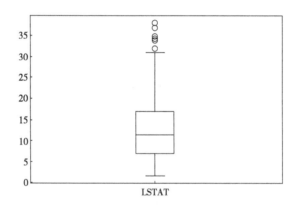

图 5.2 变量 LSTAT 的箱线图

从图 5.2 可以发现,变量 LSTAT 的分布向其数据递增的方向(图中的上方)明显偏离,即大于中位数的一半数据分布较为稀疏,且产生了一些异常值;小于中位数的一半数据分布较为紧密。

5.3.1.2 偏度系数

箱线图只能概略地观察数据分布的状况,如果需要量化测量数据分布的偏度,就需要计算偏度系数(skewness)。数据的偏度系数一般使用该序列的三阶中心距来度量:

$$SK = \frac{n\sum_{i=1}^{n}(x_i - \bar{x})^3}{(n-1)(n-2)s^3}$$

上式中，SK 为偏度系数，n 为样本数，x_i 为第 i 个样本，$\bar{x}$ 为样本的算术平均值，s 为样本标准差。SK 的值具有如下性质：

(1) $SK = 0$：数据为对称分布，不存在偏态；

(2) $SK > 0$：数据为右偏分布，即大于分布中心的部分(数轴右侧)数据散布较大；

(3) $SK < 0$：数据为左偏分布，即小于分布中心的部分(数轴左侧)数据散布较大。

代码 5.8 绘制了波士顿房价数据集中因变量 target 和变量 LSTAT 的箱线图，并计算了二者的偏度系数，运行结果分别见图 5.3 和代码执行结果 5.5。

代码 5.8

```
# 观察变量偏度
box_plot = boston["target"].plot.box()
plt.show()
box_plot = boston["LSTAT"].plot.box()
plt.show()
print("因变量的偏度为:%f" % boston["target"].skew())
print("变量 LSTAT 的偏度为:%f" % boston["LSTAT"].skew())
```

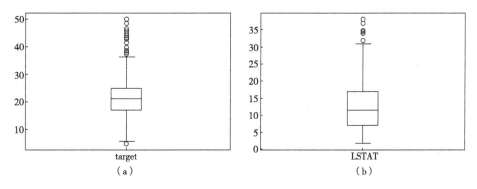

图 5.3　因变量 target(a)和变量 LSTAT(b)的箱线图

代码执行结果 5.5

因变量的偏度为:1.108098
变量 LSTAT 的偏度为: 0.906460

从计算结果看，因变量 target 和变量 LSTAT 的偏度系数均大于 0，呈现明显的右偏状态。

5.3.2　数据偏度的纠正

本部分介绍使用 BOX-COX 变换对数据进行纠偏的方法。BOX-COX 变换是由统计学家乔治·博克斯（George Box）和大卫·考克斯（David Cox）于 1964年提出的一种广义幂变换方法，其公式如下：

$$y_i = \begin{cases} \dfrac{x_i^{\lambda} - 1}{\lambda} & \lambda \neq 0 \\ \ln(x_i) & \lambda = 0 \end{cases}$$

上式中，x_i 为第 i 个原变量数据，y_i 为经过 BOX-COX 变换后的第 i 个数据，λ 为 BOX-COX 变换的参数，其取值决定了 BOX-COX 变换的具体形式：

（1）$\lambda = 0$ 时，BOX-COX 变换等价于对数变换。

（2）$\lambda \neq 0$ 时，BOX-COX 变换等价于幂变换：

① $\lambda = 1$ 时，相当于未做变换；

② $\lambda = 0.5$ 时，相当于平方根变换；

③ $\lambda = 2$ 时，相当于平方变换；

④ $\lambda = -1$ 时，相当于倒数变换。

BOX-COX 变换的最大优势就是参数 λ 可以根据需要连续取值，从而使 BOX-COX 变换成为一族变换。其参数 λ 由极大似然法确定，可以为数据"量身定制"具体的变换方法。

在 scipy. stats 库中的 boxcox 函数可以对数据进行 BOX-COX 变换。boxcox 函数包括三个参数：

（1）x：需要进行 BOX-COX 变换的原始数据；

（2）lmbda：变换参数 λ，其默认值为 None，当 lmbda = None 时，其值将由极大似然法确定，并将得到的 lmbda 值作为第二个输出结果返回；

（3）alpha：显著性水平值 α，其默认值为 None，当 alpha $\neq$ None 时，会以第三个输出结果形式返回 lmbda 的置信度为（1-alpha）的置信区间。

代码 5.9 给出了使用 boxcox 函数对因变量 target 和变量 LSTAT 进行 BOX-COX 变换的过程。其参数 lmbda 和 alpha 都按照默认设定为 None。经过变换的数据被存回到数据集中，同时两个变量的 BOX-COX 变换参数 λ 被分别输出到 lam_tar 和 lam_LSTAT 中。这段代码还分别绘制了进行 BOX-COX 变换后两个变量的箱线图和偏度系数，输出结果见图 5.4 和代码执行结果 5.6。

代码 5.9

```
boston_1 = copy.deepcopy(boston)
# 对因变量做 BOX-COX 变换
boston_1["target"],lam_tar = stats.boxcox(boston_1["target"])
# 对 LSTAT 做 BOX-COX 变换
boston_1["LSTAT"],lam_LSTAT = stats.boxcox(boston_1["LSTAT"])
# 观察纠偏后两变量的箱线图
box_plot = boston_1["target"].plot.box()
plt.show()
box_plot = boston_1["LSTAT"].plot.box()
plt.show()
print("纠偏后因变量偏度:%f" % boston_1["target"].skew())
print("对因变量进行 BOX-COX 变换的 lambda 为:%f" % lam_tar)
print("纠偏后变量 LSTAT 偏度:%f" % boston_1["LSTAT"].skew())
print("对变量 LSTAT 进行 BOX-COX 变换的 lambda 为:%f" % lam_LSTAT)
```

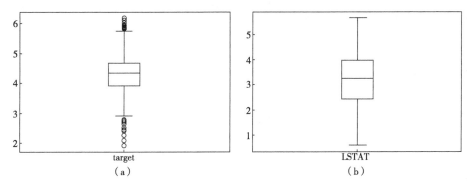

图 5.4 纠偏后因变量(a)和变量 LSTAT(b)的箱线图

代码执行结果 5.6

纠偏后因变量偏度：	0.015882
对因变量进行 BOX-COX 变换的 lambda 为：	0.216621
纠偏后变量 LSTAT 偏度：	-0.027886
对变量 LSTAT 进行 BOX-COX 变换的 lambda 为：	0.227767

观察代码执行结果 5.6 可以发现,进行 BOX-COX 变换后,两个变量的偏度系数分别为 0.015 882 和 -0.027 886,非常接近 0,从而说明其偏度被基本纠

正。其参数 λ 的估计值为 0.216 621 和 0.227 767,可供对数据进行逆变换时使用。从图 5.4 也能明显看出两个变量已经呈对称分布状态。

5.3.3 数据纠偏对于模型预测效果的影响

为了观察数据纠偏对于模型预测的影响,我们在代码 5.10 中分别建立了三个线性回归模型,三个模型的结构是相同的,因变量为 target,自变量为波士顿房价数据集中除了 target 外的其他变量。三个模型的差别在于所使用的数据是否为纠偏后的数据:

(1)model_1 无论因变量还是自变量使用的均为未经过 BOX-COX 变换的有偏数据;

(2)model_2 的因变量使用的是经过 BOX-COX 变换的数据,自变量仍然为未经过 BOX-COX 变换的有偏数据;

(3)model_3 的因变量和自变量中的 LSTAT 使用的是经过 BOX-COX 变换的数据。

代码 5.10

```
# 用高偏度因变量建立简单线性回归模型
model_1 = LinearRegression()
model_1.fit(
    X = boston.drop("target", axis=1),
    y = boston["target"])
# 使用无偏的因变量建立简单线性回归模型
model_2 = LinearRegression()
model_2.fit(
    X = boston.drop("target", axis=1),
    y = boston_1["target"])
# 同时对因变量和变量 LSTAT 做纠偏处理
model_3 = LinearRegression()
model_3.fit(
    X = boston_1.drop("target", axis=1),
    y = boston_1["target"])
```

为了观察模型的预测效果,还需要分别计算三个模型的均方误差(mean square error,MSE)。代码 5.11 实现了这一操作,其执行结果见代码执行结果 5.7。读者需要注意的是,在 model_2 和 model_3 中,由于建模和预测时使用的因变量数据都是经过 BOX-COX 变换的因变量 target，因此在计算模型 MSE 时需要对预测值进行 BOX-COX 变换的逆变换，其公式为

$$x_i = (\lambda y_i + 1)^{\frac{1}{\lambda}}$$

其中，x_i 为经过 BOX-COX 变换的逆变换得到的结果，y_i 为经过 BOX-COX 变换后的无偏数据，λ 为变换参数，即为在代码 5.9 得到的 lam_tar，取值为 0.216 621。

代码 5.11

```
# 计算因变量未纠偏时回归 MSE
print("因变量未纠偏时回归MSE:%f" % mean_squared_error(
    y_true=boston["target"],
    y_pred=model_1.predict(
        boston.drop("target", axis=1))))
# 计算因变量纠偏后的回归 MSE
print("因变量纠偏后回归MSE:%f" % mean_squared_error(
    y_true=boston["target"],
    y_pred=(model_2.predict(
        boston.drop("target",axis=1))* lam_tar+1)**(1/lam_tar)))
# 计算因变量纠偏后的回归 MSE
print("因变量和LSTAT纠偏后的回归MSE:%f" % mean_squared_error(
    y_true=boston["target"],
    y_pred=(model_3.predict(
        boston_1.drop("target",axis=1))*lam_tar+1)**(1/lam_tar)))
```

代码执行结果 5.7

因变量未纠偏时回归 MSE：	21.894831
因变量纠偏后回归 MSE：	18.773420
因变量和 LSTAT 纠偏后的回归 MSE：	16.486014

从代码执行结果 5.7 中可以清楚地发现，三个模型的 MSE 依次降低，说明数据纠偏能够显著改善线性回归模型的预测效果。

5.4   异常值检测与处理

异常值(outlier)，也可以称为离群值，通俗地说就是在变量中取值特别大或

特别小且数量非常少的数据。异常值虽然在数据中占的比例很小，但是当其出现在模型训练集中时，会干扰模型的训练，对建模效果造成不利影响。

处理异常值没有太好的办法，这主要是由于多数异常值并不是"错误值"，仅仅是取值比较特殊。在有些研究中，异常值甚至被作为研究对象，分析其产生的原因和规律。

本节基于信用卡欺诈检测数据集中介绍异常值的识别方法和通过截断方式处理异常值的方法，并通过一个实例观察异常值对于模型预测效果的影响。

5.4.1 异常值的识别

异常值的识别方式是考察变量中每一个样本值与变量分布中心的相对距离，将相对距离过大的视为异常值。上一节介绍过的箱线图采取的就是这种思想来确定异常值，但绘制箱线图所必须的中位数、四分位数等指标所需要的运算量相对较大，所以一般我们利用变量的样本均值 $\bar{x}$ 和样本标准差 s 来识别异常值，识别标准可以表述为"与 $\bar{x}$ 距离超过 $k \times s$"，其中 k 一般取大于等于 3 的值。

图 5.5 显示了异常值识别的原理。某变量 x 在数轴上以样本均值 $\bar{x}$ 为中心分布，标准差为 s。如图所示，该变量的两个值 x_i 和 x_j 与 $\bar{x}$ 的距离不同，x_i 与 $\bar{x}$ 的距离超过了三倍的标准差，而 x_j 与 $\bar{x}$ 的距离不到两倍标准差。如果异常值的识别标准是"与 $\bar{x}$ 距离超过 $3s$"，则 x_i 被识别为异常值。

图 5.5　异常值的识别

在上述异常值识别标准中使用了标准差的倍数作为距离远近的度量标准，这是因为标准差可以被解释为"变量中所有样本值与其均值的平均距离"[①]。这样看，如果一个样本值到均值的距离超出了 3 倍平均水平，可以说明其偏离中心的程度非常高，足够的"异常"，因此可以将其视为异常值。在实际进行数据预处理的过程中，k 的取值需要根据分析需要和实际情况决定。

在代码 5.12 中，我们对信用卡欺诈检测数据集中的变量 V4 进行了异常值识别。首先，绘制了箱线图观察变量的异常值情况；进一步，分别使用 3 倍标准差和 5 倍标准差为识别标准，对变量中的异常值进行了识别，并统计了异常值的数量。具体步骤为：

---

① 这个说法可能不够准确，但是便于读者理解。

（1）使用 Series. mean( )函数计算 V4 的均值 V4_mean；

（2）使用 Series. std( )函数计算 V4 的标准差 V4_std；

（3）使用 Series. between( )方法对 V4 中的值进行比较运算,得到取值在 [v4_mean−3 ∗ v4_std, v4_mean+3 ∗ v4_std]（以 3 倍标准差为标准）或 [v4_mean−5 ∗ v4_std, v4_mean+5 ∗ v4_std]（以 5 倍标准差为标准）内的样本集合；

（4）使用逻辑运算"非"（符号为"~"）得到上述样本集合的补集,即异常值的集合；

（5）最后使用 Series. sum( )方法统计异常值的个数。

代码 5.12

```
# 识别与观察异常值
credit. V4. plot. box()
plt. show()  # 对信用卡数据 V4 画箱线图,可以看到存在若干异常值
v4_mean = credit. V4. mean()  # 计算 V4 的平均值
v4_std = credit. V4. std()  # 计算 V4 的标准差
print("均值为:%f" % v4_mean)
print("标准差为:%f" % v4_std)
print("超过 3 倍标准差样本量:%d" % (~credit. V4. between(
    v4_mean - 3 * v4_std,
    v4_mean + 3 * v4_std)).sum())  # 使用 3 倍标准差识别异常值
print("超过 5 倍标准差样本量:%d" % (~credit. V4. between(
    v4_mean - 5 * v4_std,
    v4_mean + 5 * v4_std)).sum())  # 使用 5 倍标准差识别异常值
```

代码运行的结果见图 5.6 和代码执行结果 5.8。

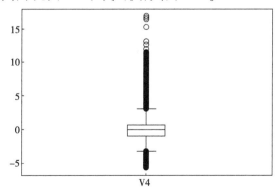

图 5.6　变量 V4 的箱线图

代码执行结果 5.8

均值为：	0.000000
标准差为：	1.415869
超过 3 倍标准差样本量：	3094
超过 5 倍标准差样本量：	184

从图 5.6 和代码执行结果 5.8 可以观察到,变量 V4 存在较为严重的异常值问题,超过 3 倍标准差的异常值达到了 3 094 个,超过 5 倍标准差的异常值为 184 个。

代码 5.12 中仅仅对变量 V4 的异常值进行了观察,未能将具体的异常值标识出来。在很多数据分析过程中,我们需要对异常值进行标注,以便进一步分析或处理。代码 5.13 给出了对异常值进行标注的过程,通过建立新的变量 V4_outlier_3(以 3 倍标准差为标准)和 V4_outlier_5(以 5 倍标准差为标准),令不属于异常值的样本在新变量的对应值为 0,大于均值的异常值样本在新变量的对应值为 1,小于均值的异常值样本在新变量的对应值为-1。下面以 V4_outlier_3 为例介绍其运算过程:

(1)计算变量 V4 的标准分数,得到变量 V4_s,公式为 $(x_i - \bar{x})/s$ [①];

(2)建立新变量 V4_outlier_3 并将所有值都初始化为 0;

(3)对 V4_s 使用 Series.gt( ) 方法,找出大于 3 的值,并将 V4_outlier_3 的对应位置赋值为 1;

(4)对 V4_s 使用 Series.lt( ) 方法,找出小于-3 的值,并将 V4_outlier_3 的对应位置赋值为-1。

代码 5.13

```
# 对异常值进行标记
V4_s = (credit.V4 - v4_mean)/v4_std    # 计算 V4 的标准分数
V4_outlier_3 = 0 * V4_s
V4_outlier_3[V4_s.gt(3)] = 1
V4_outlier_3[V4_s.lt(-3)] = -1
V4_outlier_5 = 0 * V4_s
V4_outlier_5[V4_s.gt(5)] = 1
```

---

① 标准分数其实是对数据进行标准化的一种方式,其原理为用变量中每一个值与样本均值的差相对于标准差的倍数代替样本的原值。标准分数的值体现了对应样本在变量中的相对位置。

续

```
V4_outlier_5[V4_s.lt(-5)] = -1
print("3 倍标准差异常值分类计数:\n%s" % V4_outlier_3.value_counts())
print("5 倍标准差异常值分类计数:\n%s" % V4_outlier_5.value_counts())
```

代码的执行结果见代码执行结果 5.9。

代码执行结果 5.9

```
3 倍标准差异常值分类计数:
0.0        281713
1.0          2853
-1.0          241
Name: V4, dtype: int64
5 倍标准差异常值分类计数:
0.0        284623
1.0           184
Name: V4, dtype: int64
```

从代码执行结果 5.9 中可以发现，当以 3 倍标准差为标准时，变量 V4 存在 2 853 个大于样本均值的异常值和 241 个小于样本均值的异常值；当以 5 倍标准差为标准时，变量 V4 存在 184 个大于样本均值的异常值，不存在小于样本均值的异常值。

5.4.2 异常值的处理

对异常值的处理是个棘手的问题。异常值有两种情况：一是数据出现了错误；二是数据是准确的，但却是异常的大（或小）[①]。第一种情况应当对错误数据进行改正或删除。第二种情况要视研究目的而定，如果研究目标是数据的统计规律，则由于异常值属于特殊情况，会干扰对统计规律的挖掘，因此可以考虑删除异常值；如果研究的目的就是聚焦于这些异常情况，则需要采取代码 5.13 的方法对异常值进行标注，并以标注结果为分类变量做进一步研究[②]。

---

  ① 异常值是错误的数据还是准确的数据往往很难通过分析的手段判断，需要分析人员结合其他手段确定。

  ② 这种情况往往会产生不平衡数据或低频分类问题，可以使用本书相应章节介绍的方法进行处理。

上述处理异常值的方法中,对异常值进行删除是直接而有效的手段,但这样做改变了数据集的样本量,因此很多情况下采取截断的方式代替删除。所谓截断,即将所有超过异常值边界(如 3 倍或 5 倍标准差)的值用同一个值(往往就是边界值)代替,这样仿佛是将数据"截断"了。截断的方法在没有降低样本容量的情况下,避免了异常值对数据分析的影响。代码 5.14 给出了异常值截断处理的方法,其具体步骤为:

(1)使用 Series. mean( )函数计算变量 V4_1 的平均值 V4_mean1;

(2)使用 Series. std( )函数计算变量 V4_1 的标准差 V4_std1;

(3)将大于 v4_mean1+5 * v4_std1 赋值为 v4_mean1+5 * v4_std1;

(4)将小于 v4_mean1−5 * v4_std1 赋值为 v4_mean1−5 * v4_std1。

通过以上操作,将所有以 5 倍标准差为标准识别出来的异常值全部赋值为 5 倍标准差,完成数据截断操作。这段代码还对完成截断后的变量进行了观察,见图 5.7 和代码执行结果 5.10。

代码 5.14

```
# 异常值的截断处理
# 将变量 V4 与均值距离大于 5 倍标准差的赋值为 5 倍标准差
V4_1 = copy. deepcopy(credit. V4)
v4_mean1 = V4_1. mean()    # 计算 V4 的平均值
v4_std1 = V4_1. std()    # 计算 V4 的标准差
v4_max = v4_mean1 + 5 * v4_std1
v4_min = v4_mean1 − 5 * v4_std1
V4_1[V4_1. gt(v4_mean1 + 5 * v4_std1)] = v4_max
V4_1[V4_1. lt(v4_mean1 − 5 * v4_std1)] = v4_min
V4_1. plot. box()
plt. show()    # 对信用卡数据 V4 画箱线图,可以看到存在若干离群点
print("截断后均值为:%f" % V4_1. mean())
print("截断后标准差为:%f" % V4_1. std())
print("超过 3 倍标准差样本量%d" % (~V4_1. between(
    v4_mean1− 3 * v4_std1,
    v4_mean1+ 3 * v4_std1)). sum())    # 使用 3 倍标准差识别异常值
print("超过 5 倍标准差样本量%d" % (~V4_1. between(
    v4_mean1− 5 * v4_std1,
    v4_mean1+ 5 * v4_std1)). sum())    # 使用 5 倍标准差识别异常值
```

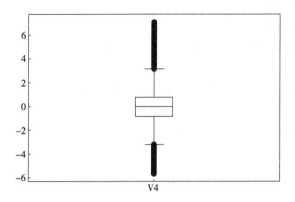

图 5.7　截断后变量 V4 的箱线图

代码执行结果 5.10

截断后均值为：	-0.001423
截断后标准差为：	1.406843
超过 3 倍标准差样本量	3094
超过 5 倍标准差样本量	0

　　从图 5.7 和代码执行结果 5.10 可以观察到,变量 V4 的超过 5 倍标准差的异常值消失了,也就是说超过 5 倍标准差的异常值被使用截断方法消除了。

5.4.3　异常值对数据分析的影响

　　在数据建模过程中,如果训练集中有变量存在异常值,会干扰模型的训练,从而降低模型预测的准确率。在代码 5.15 和代码 5.16 中,我们分别在未对变量 V4 的异常值进行处理和使用截断法对变量 V4 的异常值进行处理两种情况下,对信用卡欺诈检测数据集建立 logistic 回归模型,并对比了模型的 AUC[①]。两段代码结构基本相同,主要进行了如下操作:

　　(1)使用 scikit-learn 库中的 train_test_split( )函数对信用卡欺诈检测数据集进行了切分,划分出训练集 train 和测试集 test;

　　(2)分别绘制了训练集和测试集中变量 V4 的箱线图;

　　(3)分别识别并统计了训练集和测试集中变量 V4 超过 3 倍标准差和超过 5 倍标准差的异常值的个数;

---

　　①　AUC 即 Area Under Curve,是分类模型的 ROC 曲线下与坐标轴围成区域的面积,用于评价模型的预测效果。AUC 的值在[0.5,1]中分布,其值越大说明模型预测效果越好。

（4）以信用卡欺诈检测数据集中的变量 Class 为因变量，其他变量为自变量，训练 logistic 回归模型；

（5）将测试集数据代入训练好的 logistic 回归模型进行检验，计算并输出模型的 AUC。

代码 5.15 的输出结果见图 5.8 和代码执行结果 5.11，从图中和输出结果中可以观察到，无论是在训练集还是测试集中，变量 V4 均存在较为明显的异常值。在这种情况下建立的 logistic 回归模型的 AUC 为 0.933 621。

代码 5.15

```
# 未处理异常值时
train, test= train_test_split(
    credit, test_size=0.3, random_state=1,
    stratify=credit["Class"])   # 分层抽样，切分训练集和测试集
train.V4.plot.box()
plt.show()   # 绘制训练集中变量 V4 的箱线图
test.V4.plot.box()
plt.show()   # 绘制测试集中变量 V4 的箱线图
train_mean= train.V4.mean()   # 计算训练集中变量 V4 的平均值
train_std= train.V4.std()    # 计算训练集中变量 V4 的标准差
test_mean= test.V4.mean()    # 计算测试集中变量 V4 的平均值
test_std= test.V4.std()    # 计算测试集中变量 V4 的标准差
print("训练集中超过 3 倍标准差样本量%d" % (~train.V4.between(
    v4_mean1- 3 * v4_std1,
    v4_mean1+ 3 * v4_std1)).sum())   # 使用 3 倍标准差识别异常值
print("训练集中超过 5 倍标准差样本量%d" % (~train.V4.between(
    v4_mean1- 5 * v4_std1,
    v4_mean1+ 5 * v4_std1)).sum())   # 使用 5 倍标准差识别异常值
print("测试集中超过 3 倍标准差样本量%d" % (~test.V4.between(
    v4_mean1- 3 * v4_std1,
    v4_mean1+ 3 * v4_std1)).sum())   # 使用 3 倍标准差识别异常值
print("测试集中超过 5 倍标准差样本量%d" % (~test.V4.between(
    v4_mean1- 5 * v4_std1,
    v4_mean1+ 5 * v4_std1)).sum())   # 使用 5 倍标准差识别异常值
model_4 = LogisticRegression()
model_4.fit(
    X= train.drop("Class", axis=1),
```

续

```
    y= train["Class"])    # 使用未处理异常值的数据建立 logistic 回归模型
print("未处理异常值时模型的 AUC =%f" % roc_auc_score(
    y_true=test["Class"],
    y_score=model_4.predict_proba(
        test.drop("Class", axis=1))[:, 1]))
```

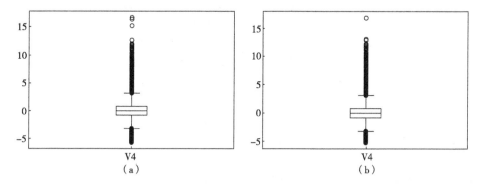

图 5.8   未处理异常值时训练集(a)和测试集(b)中变量 V4 的箱线图

代码执行结果 5.11

训练集中超过 3 倍标准差样本量	2216
训练集中超过 5 倍标准差样本量	115
测试集中超过 3 倍标准差样本量	878
测试集中超过 5 倍标准差样本量	69
未处理异常值时模型的 AUC = 0.933621	

代码 5.16 的输出结果见图 5.9 和代码执行结果 5.12,从图中和输出结果中可以观察到,无论是在训练集还是测试集中,变量 V4 超过 5 倍标准差的异常值都由于截断处理消失了,在这种情况下建立的 logistic 回归模型的 AUC 为 0.953 234,与未处理异常值时相比有了一定提升,改善了 logistic 回归模型的预测效果。

代码 5.16

```
# 使用截断法处理异常值时
credit_1= copy.deepcopy(credit)
credit_1.V4 = V4_1   # 将 V4 执行截断处理
train1, test1= train_test_split(
```

续

```
    credit_1, test_size=0.3, random_state=1,
    stratify=credit_1["Class"])    #分层抽样,切分训练和测试集
train1. V4. plot. box ()
plt. show () #绘制训练集中变量 V4 的箱线图
test1. V4. plot. box ()
plt. show () #绘制测试集中变量 V4 的箱线图
train1_mean= train1. V4. mean ()    #计算训练集中变量 V4 的平均值
train1_std= train1. V4. std ()    #计算训练集中变量 V4 的标准差
test1_mean= test1. V4. mean ()    #计算测试集中变量 V4 的平均值
test1_std= test1. V4. std ()    #计算测试集中变量 V4 的标准差
print("训练集中超过 3 倍标准差样本量%d" % (~train1. V4. between (
    v4_mean1- 3 * v4_std1,
    v4_mean1+ 3 * v4_std1)). sum ())    #使用 3 倍标准差识别异常值
print("训练集中超过 5 倍标准差样本量%d" % (~train1. V4. between (
    v4_mean1- 5 * v4_std1,
    v4_mean1+ 5 * v4_std1)). sum ())    #使用 5 倍标准差识别异常值
print("测试集中超过 3 倍标准差样本量%d" % (~test1. V4. between (
    v4_mean1- 3 * v4_std1,
    v4_mean1+ 3 * v4_std1)). sum ())    #使用 3 倍标准差识别异常值
print("测试集中超过 5 倍标准差样本量%d" % (~test1. V4. between (
    v4_mean1- 5 * v4_std1,
    v4_mean1+ 5 * v4_std1)). sum ())    #使用 5 倍标准差识别异常值
model_5= LogisticRegression ()
model_5. fit (
    X= train1. drop ("Class", axis=1),
    y= train1 ["Class"])    #使用截断异常值的数据建立 logistic 回归模型
print("使用截断法处理异常值后模型的 AUC=%f" % roc_auc_score (
    y_true=test ["Class"],
    y_score=model_5. predict_proba (
        test. drop ("Class", axis=1)) [:, 1]))
```

代码执行结果 5.12

训练集中超过 3 倍标准差样本量	2216
训练集中超过 5 倍标准差样本量	0
测试集中超过 3 倍标准差样本量	878
测试集中超过 5 倍标准差样本量	0
使用截断法处理异常值后模型的 AUC =0.953234	

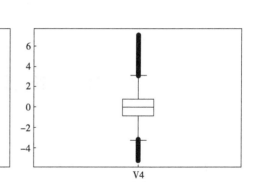

图5.9 截断法处理异常值后训练集(a)和测试集(b)中变量 V4 的箱线图

需要指出的是,异常值的影响往往不是简单地体现在模型的预测效果上,而体现在统计或经济学意义上,因此在选择是否处理异常值和如何处理异常值时还需要结合分析需要和实际情况谨慎判断。

本章练习

练习内容:使用本章所介绍的方法对以下数据集进行低频分类数据、高偏度数据和异常值数据的处理。

数据集名称:January Flight Delay Prediction：US Flight Data for the month of Jan 2019 and Jan 2020。

数据集介绍:该数据集来自美国政府运输统计局,收集了 2019 年、2020 年两个年份 1 月的所有航班信息,用以分析航班延误现象,特别是 1 月份目的地机场的航班延误情况。

数据集链接:https://www.kaggle.com/divyansh22/flight-delay-prediction。

6 异常分布数据处理 Ⅱ：不平衡数据

6.1　概述

在因变量为二分类（0-1 型）变量的数据分析任务中，常会出现因变量类别间样本数量差异较大的现象，一般称之为不平衡数据。不平衡数据会严重影响模型训练和预测的准确性，因此需要在数据预处理阶段进行有效的配平，消除不良影响。本章介绍不平衡数据的含义与影响，并详细介绍几种主要的不平衡数据配平方法。

6.1.1　不平衡数据的含义

在机器学习模型中，分类器模型是常用类型。分类器模型的因变量一般为二分类（0-1 型）变量，即使是多个类别的情况，通常也将其转化为二分类型后再分析。例如，本章所用案例数据"信用卡欺诈检测数据集"，其中用于表示信用卡交易是否为欺诈交易的变量 Class 即为 0-1 型变量，变量值"1"代表该交易为欺诈交易，变量值"0"代表该交易为正常交易。分类器需要依据已知真实分类情况对模型进行训练，然后用训练得到的分类器对未知情形进行预测。这类分析任务要求 0-1 型变量中两个类别比例大致均衡，否则会对模型的训练产生不利影响。

两个类别比例均衡的标准是什么呢？事实上这并没有一个明确的标准，但一般认为一个 0-1 型变量，多数类与少数类的比例达到 20∶1 以上（少数类样本数量占总样本数量 5%以下）即为不均衡，以这样的变量为因变量的数据集也被称为不平衡数据集。信用卡欺诈检测数据集就是一个典型的不平衡数据集,该数据集一共包含 284 807 个样本,但其中变量 Class 取值为"1"的样本仅有 492 个,占比为 0.173%,其不平衡程度非常高。

6.1.2 不平衡数据对分类器模型的影响

不平衡数据会对分类器模型的训练和预测产生不良影响,例如,一个分类器模型在不平衡的训练集上训练得到的准确率非常高,但是该模型在实际数据集上的表现可能非常差,甚至于接近失效。

从模型训练的角度看,由于不平衡数据集中的少数类样本较少,因此能够供模型训练使用的有价值信息有限。分类器模型的训练过程通常是建立错分类别的损失函数,然后以损失函数最小为目标优化模型的参数,从而得到训练结果。例如,当模型将取值本为"1"的样本错分类为"0",或将本为"0"的样本错分类为"1"时,根据损失函数都会得到一个惩罚值,在对所有样本进行分类后,就会得到所有错分类的一个总惩罚值,模型训练的任务就是使这个总惩罚值尽量小。这一过程通常是通过迭代完成的①。

请读者考虑一个极端情况,如果在 10 000 个样本中仅有一个取值是 1,其他 9 999 个都是 0。在这种情况下,当一个分类模型被训练成将所有样本都分类为 0,即仅仅会出现一个错误分类(将唯一的 1 错分类为 0),则其损失函数反馈的惩罚值是微不足道的,分类模型会被认为效果良好,但实际上这个模型根本没有训练出判别少数类的能力,训练失败。

具体而言,可以将不平衡数据对分类器模型的影响归为三类:

(1)数据稀疏问题。在不平衡数据集中,少数类的样本数远少于多数类,因此会产生所谓稀疏样本问题,造成分类器难以准确获得少数类特征,从而造成分类错误。

(2)噪声数据问题。噪声数据指的是由于设备故障,人为错误等原因形成的错误数据。通常如果样本量较大,少量的噪声数据对分类器效果的影响有限,但如果数据是不平衡的,则在少数类中的噪声数据对于分类器的影响会显著提高。

(3)决策边界偏移问题。在很多分类器模型中,每个样本对于优化目标的贡献是相同的,因此在使用不平衡数据训练分类器时,由于样本数量的优势,决策边界会显著向多数类偏移,造成分类器失效。

---

① 在这里笔者仅仅对基于损失函数的分类器模型训练过程进行了非常概括性的介绍,目的是为了能够说明不平衡数据对模型训练的影响,其表述更注重通俗性而非严谨性,请读者在阅读时注意。

6.1.3　本章所使用的代码库与数据集

本章所用案例数据为"信用卡欺诈检测数据集"(Credit Card Fraud Detection)[①]。该数据集显示了 2013 年 9 月的某两天在欧洲的持卡人通过信用卡进行的交易。在总共 284 807 笔交易中，有 492 笔交易被标记为欺诈交易(变量 Class = 1)，其余交易被标记为正常交易(Class = 0)，属于典型的不平衡数据情况。对于信用卡公司来说，如果能够正确识别某笔交易为欺诈交易，则可以阻止该交易的进行，从而在保护信用卡持卡人利益的同时也减少自身的损失。

代码 6.1 中包含了读取数据集的相关代码，还对变量 Class 的类别比例进行了计算，其结果见代码执行结果 6.1。

代码 6.1

```
# 读取数据
credit = pd. read_csv (r"/CaseData/creditcard. csv",
                       header=0, encoding="utf8")
# 观察数据不平衡情况
print("原始数据分类计数 \n%s" % credit["Class"]. value_counts())
print("正样本占比%f%%" % (credit["Class"]. mean() * 100))
```

代码执行结果 6.1

```
原始数据分类计数
0            284315
1               492
Name: Class,dtype: int64
正样本占比 0.172749%
```

本章的示例代码中会用到 Pandas、Numpy、Time、Scikit – learn (sklearn)、Imbalanced–learn(imblearn)等代码库及其模块，见代码 6.2。

代码 6.2

```
import pandas as pd
import numpy as np
```

---

① 该数据集可经由链接 https://www. kaggle. com/mlg-ulb/creditcardfraud 下载。

续

```
import time
from sklearn. ensemble import GradientBoostingClassifier
from sklearn. linear_model import LogisticRegression
from sklearn. metrics import roc_auc_score
from sklearn. model_selection import train_test_split
from imblearn. over_sampling import SMOTE
from imblearn. under_sampling import RandomUnderSampler
```

6.2　不平衡数据的配平

对于不平衡数据,处理的思路有两个。一是改变数据分布,从数据层面使其分布更加平衡;二是改变分类算法,通过加权等手段使分类算法更加重视少数类提供的信息。从数据预处理角度,第一种思路在没有增加模型复杂程度的情况下,仅仅通过改变数据分布就解决了数据不平衡问题,所付出的"代价"较小,因此是处理不平衡数据常用的手段。

第一种思路有向下抽样(或称为下采样、欠采样)、向上抽样(或称为上采样、过采样)和混合抽样三种常用方法,下面详细介绍三种方法的实现方式。

6.2.1　向下抽样

向下抽样又称为欠采样(undersampling),其思想非常简单,即从多数类样本中随机抽取一部分与少数类样本共同构成训练集,使训练集中多数类与少数类的样本容量相当(不一定完全一样)。向下抽样的缺陷显而易见,为了照顾少数类的样本容量,需要放弃大量(有时是绝大多数)多数类的样本,这些样本所包含的信息也随之损失掉了。因此在使用向下抽样时,需要解决信息损失问题。解决的思路主要有两个:

(1)采用 Bagging 的思路,对多数类进行多次有放回的向下抽样,得到多个相互独立的训练集,从而既解决了不平衡数据问题,又有效提高了对原数据集样本的覆盖程度,使用这些数据集可以训练出多个分类器,再对多个分类器的结果进行组合得到最终结果。

(2)采用 Boosting 的思路,先通过一次向下抽样得到训练集并训练出一个分类器,并从多数类样本集中剔除掉使用该分类器能够正确分类的样本,这样就相当于缩小了多数类的样本集,进而再进行第二次向下抽样并训练出第二个分类器,以此类推,最终组合多个分类器结果形成最终结果。

上述两个思路都是在模型层面进行处理,即利用集成学习算法(Ensemble Learning)的思想弥补单次向下抽样造成的信息损失。然而无论是哪种思路,对于向下抽样的要求都是一样的。代码 6.3 给出了使用 imbalanced-learn 程序包中的 RandomUnderSampler 函数实现向下抽样的代码。

代码 6.3

```
# 建立 RandomUnderSampler 模型
rus = RandomUnderSampler(sampling_strategy=1, random_state=0)
x, y = rus.fit_resample(X=credit.drop("Class", axis=1),
                y=credit["Class"])
# 使用 RandomUnderSampler 模型获得向下抽样结果
credit_u_s = pd.DataFrame(np.column_stack((x, y)),
                columns=credit.columns).astype(credit.dtypes)
print("向下抽样分类计数 \n%s" % credit_u_s["Class"].value_counts())
```

在代码 6.3 中,首先使用 RandomUnderSampler 函数建立对象 rus,其中参数 sampling_strategy 的含义是少数类与多数类样本量的比,在本例中设定为 1 : 1;参数 random_state 是随机数生成器的种子值,在本例中设定为 0[①]。然后调用 rus 对象的 fit_resample 方法,将不包含变量 Class 的数据集赋予参数 X,将变量 Class 赋予参数 y,即可得到向下抽样结果。需要指出的是,这个函数的输出结果是两个对象[②],然后再把它们组合成为一个数据集 credit_u_s。

代码 6.3 的运行结果见代码执行结果 6.2。从执行结果看,多数类(值为 0 的类别)经过向下抽样后,其样本容量与少数类(值为 1 的类别)一致,都是 492 个。从上一节的代码执行结果 6.1 中可以看到,这次向下抽样舍弃了多数类中 99.83% 的样本,信息损失可谓非常巨大。

代码执行结果 6.2

```
向下抽样分类计数
1    492
0    492
Name: Class,dtype: int64
```

---

① 随机数生成器的种子值也可以不设定,这样每次向下抽样得到的结果会不一样。

② 因为这两个对象与参数 x 和 y 对应,因此在本例中就直接用 x 和 y 表示。

为了让读者更好地理解向下抽样的过程，在代码 6.4 中，笔者自己编写了一个名为 under_sampling 的向下抽样函数。

代码 6.4

```
# 定义向下抽样函数 under_sampling()
def under_sampling(data: pd.DataFrame, target_col: str,
                   balance_rate: (int, float) = 1,
                   random_state: int = None):
    major, minor = data[target_col].value_counts(sort=True,
                                                  ascending=False).index
    line_no = pd.Series(data[target_col].values,
                        index=range(data.shape[0]))
    minor_ln = line_no[line_no.eq(minor)].index
    major_ln = line_no[line_no.eq(major)]
    major_ln = major_ln.sample(n=int(minor_ln.size* balance_rate),
                               random_state=random_state).index
    return data.iloc[minor_ln.append(major_ln), :]
# 使用上述定义的函数对 credit 向下抽样
credit_u_s = under_sampling(credit, target_col="Class",
                balance_rate=1)
print("自定义函数结果 \n%s" % credit_u_s["Class"].value_counts())
```

在函数 under_sampling 中定义了四个参数。

（1）data：不平衡数据集；

（2）target_col：分类变量；

（3）balance_rate：向下抽样的结果数据集中多数类与少数类样本量之比；

（4）random_state：随机数种子值。

函数的功能包括：

（1）自动识别多数类和少数类；

（2）将少数类的样本行取出；

（3）按照 balance_rate 在多数类中随机抽样相应的样本行；

（4）返回少数类样本行和随机抽取的多数类样本行合并而成的数据集。

函数主要的设计思想如下：

首先，定义对象 major 和 minor 分别表示多数类和少数类对应的取值，在本例中，major = 0，minor = 1。

然后，定义对象 minor_ln 表示少数类的索引值（index）；定义 major_ln 表示根据 balance_rate 随机抽取的样本的索引值。

最后,将 minor_ln 和 major_ln 所代表的样本作为函数的返回值。

读者可以结合代码 6.4 自行理解其含义,使用函数 under_sampling 获得的向下抽样执行效果见代码执行结果 6.3。

代码执行结果 6.3

```
自定义函数结果
1    492
0    492
Name: Class,dtype: int64
```

6.2.2　向上抽样

向上抽样又称为过采样(oversampling),其思想是提升少数类的样本容量,并与多数类样本共同组成训练集。最原始的向上抽样方法是随机过采样,即将随机选中的少数类中的样本直接复制以增加其容量。这种方法容易造成模型过拟合,对于模型的训练和提高少数类的识别准确率没有益处。目前常用的向上抽样方法是 SMOTE 算法(见图 6.1)。

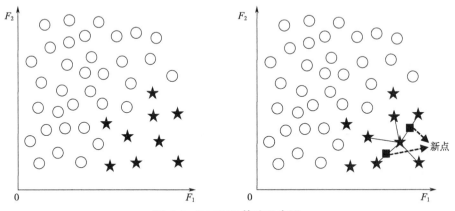

图 6.1　SMOTE 算法示意图

下面简单介绍 SMOTE 算法的实现思想。

SMOTE 算法的全称是 Synthetic Minority Oversampling Technique,即合成少数类过采样技术,是对随机过采样的改进。在随机过采样技术中,采取直接复制的方式增加少数类样本,在 SMOTE 算法中则采取 k 近邻思想通过分析少数类样本的特征人工合成新的样本,从而增加样本容量,具体过程如下:

第一步,少数类中的每个样本以欧氏距离为标准计算出自己到其他少数类样本的距离,从而得到 k 个近邻;

　　第二步,每个样本从 k 个近邻中随机选择 n 个样本;

　　第三步,在每个样本和其被选中的近邻的连线上随机选择一个点作为新的样本点。

　　在 imbalanced-learn 程序包中同样给出了 SMOTE 算法的函数,代码 6.5 展示了使用 SMOTE 算法进行向上抽样的执行步骤。

代码 6.5

```
# 建立 SMOTE 模型
smote = SMOTE(sampling_strategy=0.05, random_state=0)
x, y =smote. fit_resample(X=credit. drop("Class", axis=1),
                          y=credit["Class"])
# 使用 SMOTE 模型
credit_o_s = pd. DataFrame(np. column_stack((x, y)),
                   columns=credit. columns). astype(credit. dtypes)
print("向上抽样分类计数 \n%s" % credit_o_s["Class"]. value_counts())
```

　　在代码 6.5 中,首先使用 SMOTE 函数建立对象 smote,其中的参数 sampling_strategy 含义是少数分类与多数分类样本量之比,在本例中设定为 5：100,即少数类占比为 5%。这个比例虽然仍然不高,但比原始数据集的 0.17% 要好了很多。参数 random_state 为随机数生成器的种子值。这段代码的运行结果见代码执行结果 6.4。从执行结果看,少数类样本增加到了 14 215 个,显著改善了数据的不平衡状态。

代码执行结果 6.4

```
向上抽样分类计数
0            284315
1            14215
Name: Class,dtype: int64
```

　　应当指出的是,SMOTE 算法增加的是人工样本,本身未包含该类别的有用信息,且增大了样本重复的可能,因此使用时需要谨慎。

6.2.3 混合抽样

向上抽样会产生大量人工样本,向下抽样会损失大量多数类样本,都存在着明显不足,因此在处理不平衡数据时可以将两种方法结合起来使用,在一定程度上平衡二者的缺陷。这种同时使用向上抽样和向下抽样的方法可以称为"混合抽样"。代码 6.6 展示了混合抽样的过程。

代码 6.6

```
# 首先使用 SMOTE 方法向上抽样,即上面一段代码的结果
smote= SMOTE(sampling_strategy=0.05, random_state=0)
x, y= smote.fit_resample(X=credit.drop("Class", axis=1),
                         y=credit["Class"])
credit_o_s = pd.DataFrame(np.column_stack((x, y)),
                    columns=credit.columns).astype(credit.dtypes)
# 然后使用向下抽样
credit_m_s = under_sampling(credit_o_s,
target_col="Class", balance_rate=1)
print("混合抽样后分类计数 \n%s" % credit_m_s["Class"].value_counts())
```

在代码 6.6 中,首先使用 SMOTE 算法对数据集 credit 进行向上抽样,得到数据集 credit_o_s,然后对数据集 credit_o_s 进行向下抽样,得到数据集 credit_m_s,该数据集中两类样本容量相同,均为 14 215 个(见代码执行结果 6.5)。

代码执行结果 6.5

```
混合抽样后分类计数
1       14215
0       14215
Name: Class,dtype: int64
```

6.3 不平衡数据配平的影响

本章前两节介绍了不平衡数据的概念和配平方法。本节基于机器学习中较为常用的梯度提升树算法(GBDT 模型)观察不平衡数据配平对建模的影响。

本节首先分别使用不平衡的训练集和使用向下抽样方法配平的训练集对

GBDT 模型进行训练,然后从三个方面考察不平衡数据的配平对于 GBDT 模型的影响:

（1）从模型训练消耗时间和预测结果的 AUC 两个角度对比其训练效果;

（2）基于真实数据及与模型预测结果的偏离程度,对比使用平衡数据与不平衡数据模型训练效果的差异,并介绍校正偏离的方法;

（3）对不平衡数据进行随机多次配平,考察数据配平对于模型预测结果稳定性的影响,并介绍提高预测稳定性的方法。

6.3.1　不平衡数据配平的效果

本章前面内容介绍了不平衡数据的配平方法,使用这些方法能够构造出较为平衡的数据集作为模型的训练集,从而提高模型的预测效果。那么数据的配平能为模型预测准确度带来多大改进呢? 本部分通过一个例子来展示,见代码 6.7。

代码 6.7

```
# 分层抽样,切分训练集和测试集
train, test = train_test_split(
    credit, test_size = 0.3, random_state = 0, stratify = credit ["Class"])
# 将训练集向下抽样,正负样本 1:1
train_u_s = under_sampling(
    train,target_col="Class", balance_rate=1)
# 使用全部不平衡的训练集训练 GBDT 模型
start = time.time()
model_ub = GradientBoostingClassifier()
model_ub.fit(
    X= train.drop("Class", axis=1),
    y= train["Class"])
print("不平衡模型耗时%s秒" % (time.time() - start))
# 使用向下抽样后的平衡训练集训练 GBDT 模型
start = time.time()
model_b = GradientBoostingClassifier()
model_b.fit(
    X=train_u_s.drop("Class", axis=1),
    y=train_u_s["Class"])
print("平衡模型耗时%s秒" % (time.time() - start))
```

续

```
# 使用不平衡模型为测试集打分
model_ub_p = model_ub.predict_proba(
test.drop("Class",axis=1))[:, 1]
# 使用平衡模型为测试集打分
model_b_p = model_b.predict_proba(
test.drop("Class",axis=1))[:, 1]
print("不平衡模型 AUC=%f"% roc_auc_score(
y_true=test["Class"], y_score=model_ub_p))
print("平衡模型 AUC=%f"% roc_auc_score(
y_true=test["Class"], y_score=model_b_p))
```

这个例子将使用 GBDT 模型基于信用卡欺诈检测数据集 credit 训练分类模型,对欺诈行为进行预测。在代码 6.7 中,使用了来自 scikit-learn 库的若干函数,具体过程如下:

(1)使用函数 train_test_split( )将数据集 credit 分为训练集 train 和测试集 test,测试集在原数据集中的占比为 30%;

(2)按照 1∶1 的比例对训练集 train 进行向下抽样,得到平衡的训练集 train_u_s;

(3)使用 GradientBoostingClassifier( )函数建立模型,基于不平衡的训练集 train 对模型进行训练,得到 model_ub,并记录模型训练的耗时;

(4)同样使用 GradientBoostingClassifier( )函数建立模型,基于向下抽样后得到的平衡数据集 train_u_s 对模型进行训练,得到 model_b,并记录模型训练的耗时;

(5)利用 model_ub 和 model_b 分别对测试集 test 进行预测,得到预测结果 model_ub_p 和 model_b_p,其含义为取值为"1"的概率 $P(Y=1)$;

(6)使用 roc_auc_score( )函数,基于测试集的真实分类和两类模型的预测结果计算两个模型的 AUC,利用 AUC 对比二者的预测效果。

上述过程的运行结果见代码执行结果 6.6,从运行结果看,由于向下抽样大大降低了样本容量,因此其模型训练所花时间仅为不平衡数据集的 0.35%,但是模型的 AUC 却从 0.773 532 提高到 0.982 119,提高幅度达到 26.98%。这说明向下抽样极大地改善了 GBDT 模型在 credit 数据集上的效能。

代码执行结果 6.6

不平衡模型耗时	64.16653800010681 秒
平衡模型耗时	0.22711586952209473 秒

续

```
不平衡模型 AUC = 0.773532
平衡模型 AUC = 0.982119
```

6.3.2　模型预测结果的偏离及其校正方法

上一部分分别使用不平衡数据集和配平后的数据集训练了 GBDT 模型,分别得到了不平衡数据模型预测结果 model_ub_p 和平衡数据模型预测结果 model_b_p。在代码 6.8 中,分别计算了原始数据因变量 Class 的平均值、model_ub_p 的平均值和 model_b_p 的平均值,其结果见代码执行结果 6.7。

代码 6.8

```
print("原始数据因变量平均值%f" % credit.Class.mean())
print("不平衡模型预测结果平均值%f" % model_ub_p.mean())
print("平衡模型预测结果平均值%f" % model_b_p.mean())
```

代码执行结果 6.7

原始数据因变量平均值	0.001727
不平衡模型预测结果平均值	0.001484
平衡模型预测结果平均值	0.057937

代码执行结果 6.7 显示,model_b_p 的平均值远大于 model_ub_p,也远大于因变量 Class 的平均值。这说明数据配平改变了因变量比例,从而导致平衡模型的预测结果发生了漂移。

预测结果的漂移意味着预测结果分布与实际结果分布存在较大差异。配平后的预测打分若不经过校正,则打分值不具有实际意义,不是准确的 $P(Y=1)$,无法作为最终判断分类的概率依据。

为了解决这一问题,笔者提出采用如下方法解决预测结果漂移问题(该方法的代码和结果分别见代码 6.9 和代码执行结果 6.8)。

代码 6.9

```
rectify_model = LogisticRegression()
rectify_model.fit(
    X=model_b.predict_proba(train.drop("Class",axis=1))[:, [1]],
    y=train["Class"])
```

续

```
model_b_p_rectify = rectify_model.predict_proba(
model_b_p.reshape(-1, 1))[:, 1]
print("校正后平衡模型预测结果平均值%f" % model_b_p_rectify.mean())
print("平衡模型 AUC=%f" % roc_auc_score(
    y_true=test["Class"],
    y_score=model_b_p_rectify))
```

代码执行结果 6.8

```
校正后平衡模型预测结果平均值 0.001749
平衡模型 AUC = 0.984062
```

代码 6.9 主要进行了如下操作：

(1)使用 scikit-learn 库中的 LogisticRegression( )函数建立 logistic 回归模型，命名为"rectify_model"，用于对预测结果重新建立单调映射；

(2)使用平衡模型 model_b 对原始数据(不平衡数据)进行预测，得到的结果作为 rectify_model 的解释变量 X；

(3)将原始数据(不平衡数据)的因变量 Class 作为 rectify_model 的被解释变量 y；

(4)使用 X 和 y 训练 rectify_model 模型[1]；

(5)将平衡模型在测试集上的打分作为 X，使用 rectify_model 的预测结果作为漂移的校正结果。

观察代码执行结果 6.8 可以看到，校正后模型在测试集上的打分无漂移，与原始数据因变量平均值相近。且校正后的打分不影响 AUC。

6.3.3　向下抽样对预测稳定性的影响

向下抽样会导致样本的损失，影响训练集的代表性，使模型泛化能力降低，其表现就是使用相同的向下抽样方法对数据集进行多次独立的配平，并用得到的平衡数据集对模型进行训练，所得到模型的 AUC 会呈现较大差异，即模型的预测能力是不稳定的。解决这一问题的思路是采用集成算法的思想，对数据集

---

[1] 由于配平后的模型预测结果会出现漂移，即预测的概率与不平衡模型相比整体偏大或偏小。为了校正这一偏差，此时使用配平后模型的预测结果作为自变量，实际类别为因变量，训练 logistic 回归模型，旨在建立配平后模型预测值与真实类别间一对一的映射，该映射模型可用于校正具体预测结果的漂移。

进行多次有放回的向下抽样,得到多个相互独立的平衡数据训练集,使用这些数据集训练出多个模型,并结合这些模型的预测结果得到最终预测结果。imbalanced-learn 程序包中的 EasyEnsemble 和 BalanceCascade 方法均可以很好地实现这一功能。下面我们通过例子来检验向下抽样对模型预测稳定性的影响(见代码 6.10)。

代码 6.10

```
auc = pd.Series(index=range(100))
model_predicts = pd.DataFrame(index=test.index)
for i in range(100):
    train_u_s = under_sampling(train,
        target_col = "Class",
        balance_rate = 1,
        random_state = i)
    model_balance = GradientBoostingClassifier()
    model_balance.fit(
        X = train_u_s.drop("Class", axis=1),
        y = train_u_s["Class"])
    predict = model_balance.predict_proba(test.drop(
        "Class", axis = 1))[:, 1]
    auc[i] = roc_auc_score(
        y_true = test["Class"],
        y_score = predict)
    model_predicts["model_%d" % i] = predict
```

在代码 6.10 中构造了 100 个向下抽样得到的平衡数据训练集,并比较使用这些平衡数据训练出来的模型的预测稳定性,具体过程如下。

(1)构造一个序列 auc 用于存储 100 个模型的 AUC。

(2)构造一个数据框 model_predicts 用于存储 100 个模型的预测结果;

(3)构造循环(循环次数为 100),每次循环需要进行如下操作:

①使用前面我们构造的函数 under_sampling( )[①]进行向下抽样,得到平衡的训练集,并暂存在 train_u_s 中;

②构造 GBDT 模型 model_balance,使用平衡的训练集 train_u_s 对其进行训练;

③使用 model_balance 对测试集 test 进行预测,将结果暂存在 predict 中(测

---

① 需要将随机种子设定成循环变量 i,以便每次循环向下抽样得到不同的样本。

试集 test 由代码 6.7 中的相应语句产生,在 100 次循环中保持不变);

④根据预测结果 predict 计算模型的 AUC,并将计算结果保存在第一步建立的名为 auc 的序列中,同时将 predict 也保存在数据框 model_predicts 中。

通过上述步骤,经过 100 次独立的向下抽样得到 100 个独立的平衡训练集,进而训练得到 100 个 GBDT 模型,使用这些模型对同一个测试集 test 进行预测,得到 100 个 GBDT 模型的 AUC。在代码 6.11 中我们绘制了这 100 个 AUC 的序列图,并计算了最大值和最小值,从中可以观察模型预测的稳定性。在该段代码最后,简单地计算了存储在 model_predicts 中的 100 个模型预测值的均值 ensemble_predict,并以其为预测结果同样计算了 AUC(图形见图 6.2,其他结果见代码执行结果 6.9)。ensemble_predict 实质上就是基于 Bagging 思想得到的集成学习分类结果。

代码 6.11

```
#将 100 个 AUC 结果画图展示
auc.plot()
plt.xlabel("random seed")
plt.ylabel("auc")
plt.show()
print("AUC 最大值=%f,AUC 最小值=%f" % (auc.max(), auc.min()))
#计算行平均值
ensemble_predict = model_predicts.mean(axis=1)
print("ensemble 模型 AUC=%f" % roc_auc_score(
    y_true = test["Class"],
    y_score = ensemble_predict))
```

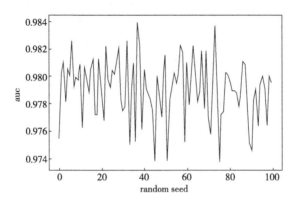

图 6.2　100 个模型的 AUC

代码执行结果 6.9

```
AUC 最大值 = 0.983928,AUC 最小值 = 0.973699
ensemble 模型 AUC = 0.982928
```

通过观察图 6.2 可以看出 100 个模型的 AUC 存在较大波动。代码执行结果 6.9 显示这 100 个模型的 AUC 在 0.973~0.984 之间变化,而对这 100 个模型的预测结果用计算均值的方式进行整合(ensemble),即相当于 100 个模型共同给出最终结果,这样可以在一定程度上消除抽样误差。从代码执行结果 6.9 中可以看到,整合后的模型 AUC 为 0.982 928,比大多数单模型要好。若进行多次重复实验,可以发现整合后模型的 AUC 几乎不变,即模型的稳定性得到了极大改善。

本章练习

练习内容:使用本章所介绍的方法对以下数据集进行不平衡数据的处理。

数据集名称:January Flight Delay Prediction: US Flight Data for the month of Jan 2019 and Jan 2020。

数据集介绍:该数据集来自美国政府运输统计局,收集了 2019 年、2020 年两个年份 1 月的所有航班信息,用以分析航班延误现象,特别是 1 月份目的地机场的航班延误情况。

数据集链接:https://www.kaggle.com/divyansh22/flight-delay-prediction。

◆ 7 数据特征缩放

◈ **学习目标:**

1. 了解数据特征缩放的概念;

2. 掌握数据中心化的方法;

3. 掌握数据标准化的方法;

4. 掌握 Min-Max 缩放的方法;

5. 掌握 Max-ABS 缩放的方法;

6. 理解 Max-ABS 缩放与 Min-Max 缩放的差异;

7. 掌握 Robust 缩放的方法;

8. 理解数据特征缩放的效果。

7.1 概述

7.1.1 数据特征缩放的概念

变量的数据特征是指其取值的分布特点,与数据所反映的信息内容、测量尺度和采集方式等有关。有些数据的取值范围是无限的(例如,某商品的销售量),而有些数据的取值则存在严格或不严格的限制(例如,经纬度数据有严格的范围,而年龄数据虽有范围,但是其边界不严格)。从数据分析角度来看,原始数据的分布特征往往与模型的要求不一致。比如,当两个变量要进行比较时,不同的量纲使比较无法进行;再比如,有些模型的分析结果会受到数据尺度的影响,尺度不同的数据无法纳入同一个模型进行分析。

由于数据特征与分析需求的不匹配,所以要求我们在数据预处理阶段进行数据特征缩放(data feature scaling),以适应分析的需要。简单地说,数据特征缩放就是把原始数据通过某种算法限制在需要的范围内,同时又尽量保持其分布特征。数据特征缩放对数据分析有以下三个方面的意义:

(1)多数数据特征缩放方法可以消除数据的量纲,同时保留其分布特征,有利于不同量纲数据之间的比较,避免了对建模的影响;

（2）数据特征缩放可以提高梯度下降求解（迭代运算）的收敛速度，提高建模效率；

（3）数据特征缩放可以提高一些模型的预测精度。

数据特征缩放的方法可以简单地概括为："首先中心化，然后除以尺度"，即：

$$X_{scaled} = \frac{X - center}{scale}$$

上式中 X 为原始数据；X_{scaled} 为缩放后的数据；$center$ 为数据的比较基准，它可以是均值或中位数，也可以是最小值等其他比较基准；$scale$ 是数据特征缩放的尺度，它可以是数据的标准差或四分位差，也可以是最大值与最小值之差或最大值的绝对值等。对比较基准和尺度的不同选择，就形成了不同的数据特征缩放方法。

本章介绍五种数据特征缩放方法，包括数据的标准化方法（中心化和标准化）、数据的归一化方法（Min-Max 缩放和 Max-ABS 缩放）以及对包含异常值数据的标准化方法。scikit-learn 库为我们提供了较为完善的数据特征缩放实现方法，这些方法分为两类，以数据标准化方法为例，函数 scale() 提供了对单一序列进行标准化的实现方式；模块 StandardScaler 则提供了建立数据标准化模型的方法。

StandardScaler 模块可以基于训练集训练（fit）出用于数据标准化的模型，得到训练集中每个变量的比较基准和尺度等标准化参数，该模型可以用于对测试集及其他结构相同的数据集进行数据标准化操作。这种方式将模型生成和应用两个场景分离，即数据科学家负责建模，实际开发或业务人员可以直接应用模型而不需要了解模型的训练过程。

7.1.2 本章使用的代码库和数据

本章使用到 scikit-learn 库中的许多模块，同时本章使用的波士顿房价数据集也是 scikit-learn 库内置的数据集。这些库的加载过程见代码 7.1，波士顿房价数据集加载的方法见代码 7.2，将加载后的数据集命名为 boston。

代码 7.1

```
import pandas as pd
import matplotlib.pyplot as plt
import copy
from sklearn.datasets import load_boston
from sklearn.preprocessing import scale
```

续

```
from sklearn.preprocessing import StandardScaler
from sklearn.preprocessing import minmax_scale
from sklearn.preprocessing import MinMaxScaler
from sklearn.preprocessing import maxabs_scale
from sklearn.preprocessing import MaxAbsScaler
from sklearn.preprocessing import robust_scale
from sklearn.preprocessing import RobustScaler
from sklearn.decomposition import PCA
from sklearn.linear_model import LinearRegression
from sklearn.metrics import mean_squared_error
```

代码 7.2

```
boston = pd.DataFrame(load_boston().data,
                      columns=load_boston().feature_names)
boston["target"] = load_boston().target
```

在本章后面的内容中,将主要以波士顿房价数据集中的变量 B 为例演示数据特征缩放。为了便于与未进行缩放的数据比较,笔者在代码 7.3 中分别计算了变量 B 的平均值、标准差、最大值和最小值,并绘制了该变量的序列图和箱线图,以及波士顿房价数据集中所有变量的箱线图。通过序列图和箱线图,可以很直观地观察变量分布的特征,通过与后续经过缩放后变量的序列图和箱线图进行对比,可以帮助我们观察缩放前后数据分布的变化情况。代码 7.3 的运行结果见代码执行结果 7.1、图 7.1 和图 7.2。

代码 7.3

```
# 观察原始数据
B = boston["B"]
print ("变量 B 的分布 \n 平均值:%f\n 标准差:%f\n 最大值:%f\n 最小值:%f"
      % (B.mean(),B.std(),B.max(),B.min()))
plt.plot(B)    # 折线图
plt.xlabel("Index")
plt.ylabel("Values of B")
plt.show()
plt.boxplot(B,labels="B")  # 箱线图
```

续

```
plt.show()
plt.boxplot(boston.values,labels=boston.columns,vert=False)
plt.xlabel("Values of boston")
plt.show()
```

代码执行结果 7.1

变量 B 的分布	
平均值：	356.674032
标准差：	91.294864
最大值：	396.900000
最小值：	0.320000

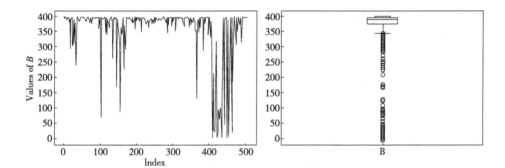

图 7.1 变量 B 的分布

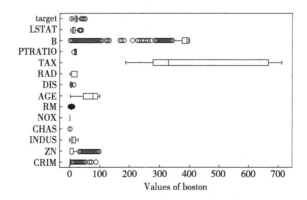

图 7.2 数据集中所有变量的分布

7.2 数据特征缩放方法

本节介绍五种常用的数据特征缩放方法，包括数据中心化、数据标准化、Min-Max 缩放、Max-ABS 缩放和 Robust 标准化。

7.2.1 数据中心化

数据中心化(centralization)也可以称为数据零均值化(zero-centered)或去均值化(mean-subtraction)，其算法非常简单，用变量中的每个值减去该变量的均值即可得到，即

$$X_{scaled} = X - \bar{X}$$

上式中，$\bar{X}$ 为变量 X 的平均值。数据中心化其实既没有"缩"，也没有"放"，而是将数据进行了整体平移，使其分布的中心变为 0，因此可以使数据更加容易向量化。数据中心化其实是数据标准化的第一个步骤。在代码 7.4 中展示了几种数据中心化的实现方法，包括：

(1)直接计算；

(2)使用 scikit-learn 库的 scale() 函数，并将 with_std 参数设定为 False；

(3)使用 scikit-learn 库的 StandardScaler 模块，具体有两个步骤。

①使用 StandardScale() 函数，将 with_std 参数设定为 False，建立模型 scaler。

②调用模型的 fit_transform() 方法对模型进行训练并直接对数据进行转换。在执行这一步时需要注意两点：第一，该方法实际是将 fit() 方法和 transform() 方法合二为一了，在实际场景下可以分别进行训练和转换，以便区分模型训练和应用两个场景；第二，该方法只能对二维对象进行操作，因此需要用 boston[["B"]] 形式保持变量 B 的二维特征。

为了展示数据中心化的结果，我们输出了中心化后变量 B 的平均值、标准差、最大值和最小值，并绘制了序列图和箱线图。上述操作的输出结果见代码执行结果 7.2 和图 7.3。

代码 7.4

```
# 直接计算
centralize = B - B.mean()
# 使用 scikit-learn 的 scale() 函数
centralize_s = scale(B, with_std=False)
# 使用 StandardScaler 类,对变量 B 中心化
```

续

```
scaler= StandardScaler(with_std=False)
centralize_scaler = scaler.fit_transform(boston[["B"]])
print ("中心化后B的分布\n平均值:%f\n标准差:%f\n最大值:%f\n最小值:%f"
      % (centralize_scaler.mean(),centralize_scaler.std(),
         centralize_scaler.max(),centralize_scaler.min()))
plt.plot(centralize_scaler)
plt.xlabel("Index")
plt.ylabel("Values of centralize_scaler")
plt.show()
plt.boxplot(centralize_scaler,labels="B")
plt.ylabel("Values of centralize_scaler")
plt.show()
```

代码执行结果 7.2

中心化后 B 的分布
平均值:	-0.000000
标准差:	91.204607
最大值:	40.225968
最小值:	-356.354032

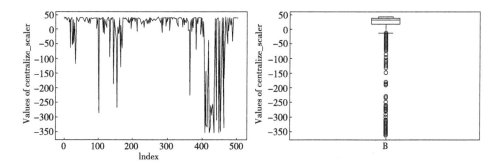

图 7.3   对变量 B 进行中心化后的数据分布

从代码执行结果 7.2 可以看到,中心化后的变量 B 平均值为 0,相应的最大值和最小值也发生了改变,但是中心化后变量 B 的标准差仍然与原始数据相同,说明该变量的尺度没有发生变化。观察图 7.3 的两个图形并与图 7.1 对比,变量 B 的分布形状没有发生改变,说明中心化对于数据的分布形状没有影响。

在代码 7.5 中,使用 scikit-learn 库的 StandardScaler 模块对波士顿房价数据集中的所有变量进行了中心化,输出了其缩放尺度属性 scale_ 和均值属性 mean_,并绘制了所有缩放后变量的箱线图,见代码执行结果 7.3 和图 7.4。

代码 7.5

```
# 使用 StandardScaler 类,对整个数据集中心化
scaler= StandardScaler(with_std=False)
boston_centralize = scaler.fit_transform(boston)
print(pd.DataFrame({"Scale":scaler.scale_,"Mean":scaler.mean_},
                    index=boston.columns))
plt.boxplot(boston_centralize, labels=boston.columns, vert=False)
plt.xlabel("Values of boston_centralize")
plt.show()
```

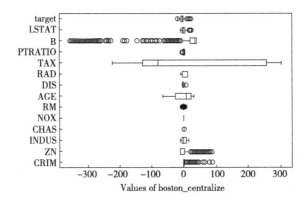

图 7.4　对波士顿房价数据集中所有变量中心化后的结果

从代码执行结果 7.3 可以观察到,由于本例对变量 B 进行的是中心化缩放,未使用数据的尺度属性,因而其 Scale 那一列的值都为 None。观察图 7.4 并对比图 7.2 可以发现,每个变量的分布形状都没有改变,但图 7.4 中所有变量都以 0 为中心进行分布。

在本部分,笔者较为详细地介绍了数据中心化的实现方法。在本章后续的部分还会陆续介绍四种数据特征缩放的方法,其实现形式和展示出来的步骤都与本部分相似。因此在后续四种数据特征缩放方法的介绍中,笔者仅对每种方法的要点进行强调,具有共性的技术细节将不再赘述。

代码执行结果 7.3

```
          Scale          Mean
CRIM       None       3.613524
ZN         None      11.363636
INDUS      None      11.136779
CHAS       None       0.069170
NOX        None       0.554695
RM         None       6.284634
AGE        None      68.574901
DIS        None       3.795043
RAD        None       9.549407
TAX        None     408.237154
PTRATIO    None      18.455534
B          None     356.674032
LSTAT      None      12.653063
target     None      22.532806
```

7.2.2　数据标准化

数据标准化(standardization 或 normalization)方法又可以称为 Z-score 标准化,该方法是在数据中心化的基础上,再除以该数据的标准差,缩放后的变量均值为 0,标准差为 1,其公式为

$$X_{scaled} = \frac{X - \bar{X}}{S}$$

上式中, S 为标准差。经过标准化处理后的每个新值体现了变量原值在序列中的相对位置,表现为"与均值的距离是标准差的 X_{scaled} 倍",而正负号则代表了原值是大于(+)还是小于(−)均值。例如,某个值经过标准化后为 1.5,说明该值在原序列中处于大于均值 1.5 倍标准差的位置;另一个值经过标准化后为 −3,则说明该值在原序列中处于小于均值 3 倍标准差的位置。由于标准差可以理解为变量中的值到均值的平均距离,因此若一个值远离均值达到 3 倍标准差以上,这个值往往可以被看作异常值[①]。

与前面数据中心化的操作类似,代码 7.6 展示了直接计算和使用 scikit-learn 库中的 scale()函数及 StandardScaler 模块对变量 B 进行标准化的操作,输出了标准化后变量 B 的平均值、标准差、最大值和最小值,并绘制了序列图和箱

[①]　本书已经在第 5 章专门介绍了异常值的识别及处理方法。

线图,见代码执行结果 7.4 和图 7.5。

代码 7.6

```
# 直接计算
normalize = (B - B.mean()) / B.std()
# 使用 scikit-learn 的 scale() 函数
normalize_s = scale(B)
# 使用 StandardScaler 类,对变量 B 标准化
scaler = StandardScaler()
normalize_scaler = scaler.fit_transform(boston[["B"]])
print ("标准化后 B 的分布\n 平均值:%f\n 标准差:%f\n 最大值:%f\n 最小值:%f"
    % (normalize_scaler.mean(),normalize_scaler.std(),
       normalize_scaler.max(),normalize_scaler.min()))
plt.plot(normalize_scaler)    # 折线图
plt.xlabel("Index")
plt.ylabel("Values of normalize_scaler")
plt.show()
plt.boxplot(normalize_scaler,labels="B")  # 箱线图
plt.ylabel("Values of normalize_scaler")
plt.show()
```

代码执行结果 7.4

标准化后变量 B 的分布	
平均值:	-0.000000
标准差:	1.000000
最大值:	0.441052
最小值:	-3.907193

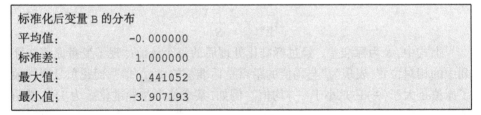

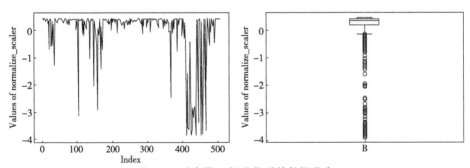

图 7.5　对变量 B 标准化后的数据分布

从代码执行结果 7.4 中可以看到,标准化后的变量 B 的均值为 0,标准差为
1。进一步观察图 7.5 并与图 7.1 对比可以发现,变量 B 标准化后的分布形状
没有变化,改变的只是均值和方差①。同时我们还可以观察到,变量 B 标准化
后,有一部分值小于-3,这说明这些数据的原值在序列中与均值的差异超过了
3 倍标准差的标准,属于非常特殊的数据,应当予以关注。

　　在代码 7.7 中,展示了使用 StandardScaler 模块对数据集 boston 中所有变量
进行标准化的过程,调用该模块的 scale_参数和 mean_参数输出了对这些变量
进行标准化所依据的标准差和均值(代码执行结果 7.5),并绘制了箱线图(图
7.6)。

代码 7.7

```
# 使用 StandardScaler 类,对整个数据集标准化
scaler= StandardScaler()
boston_normalize = scaler.fit_transform(boston)
print(pd.DataFrame({"Scale":scaler.scale_,"Mean":scaler.mean_},
                 index=boston.columns))
plt.boxplot(boston_normalize, labels = boston.columns, vert = False)
plt.xlabel("Values of boston_normalize")
plt.show()
```

代码执行结果 7.5

	Scale	Mean
CRIM	8.593041	3.613524
ZN	23.299396	11.363636
INDUS	6.853571	11.136779
CHAS	0.253743	0.069170
NOX	0.115763	0.554695
RM	0.701923	6.284634
AGE	28.121033	68.574901

---

　　① 有些资料根据标准化后的数据均值为 0 且标准差为 1 就错误地认为该操作可以把数据的分布
转化为标准正态分布。实际上,如果一个数据本身服从正态分布的话,那么标准化操作确实可以将其转
化为标准正态分布;但如果类似本章中变量 B 这样的数据,其本身为非对称的分布(肯定是非正态分
布),则经过标准化之后其分布的形状并没有改变,仍然保持非对称分布的形式,仅仅是均值与标准差发
生了改变。

续

DIS	2.103628	3.795043
RAD	8.698651	9.549407
TAX	168.370495	408.237154
PTRATIO	2.162805	18.455534
B	91.204607	356.674032
LSTAT	7.134002	12.653063
target	9.188012	22.532806

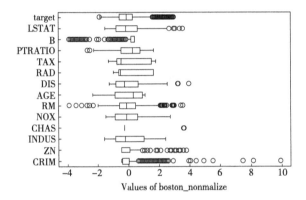

图 7.6   对波士顿房价数据集中所有变量标准化后的结果

从输出结果可以观察到,各变量经过标准化后,变量间数据的分布范围差异明显变小,但变量本身的分布形状并未改变,这样在建立一些模型时就能避免数据尺度差异对模型造成的负面影响,提高模型的预测精度。

7.2.3   Min-Max 缩放

Min-Max 缩放也可以称为离差标准化(deviation standardization),该方法可以将数据缩放至指定的区间,通常情况下这一指定区间为[0,1],Min-Max 缩放的相关公式为

$$X_{std} = \frac{X - X_{min}}{X_{max} - X_{min}}$$

$$X_{scaled} = X_{std} \times (R_{max} - R_{min}) + R_{min}$$

上面两个公式中,X_{min} 为数据中的最小值,X_{max} 为数据中的最大值,R_{max} 和 R_{min} 为指定区间的上界和下界,即 $[R_{min}, R_{max}]$。Min-Max 缩放是将最小值 X_{min} 作为比较基准,以 $(X_{max} - X_{min})/(R_{max} - R_{min})$ 为尺度进行的缩放。若区间为 $[0,1]$,即 $R_{min} = 0$ 且 $R_{max} = 1$,则上述公式简化为

$$X_{\text{scaled}} = X_{\text{std}} = \frac{X - X_{\min}}{X_{\max} - X_{\min}}$$

在代码 7.8 中,仍然按照之前的模式展示了直接计算、使用 scikit-learn 库的 minmax_scale( )函数和 MinMaxScaler 模块将变量 B 缩放到区间[0,1]的过程,然后输出了相关结果并绘制了序列图和箱线图,见代码执行结果 7.6 和图 7.7。

代码 7.8

```
# 直接计算,将变量 B 缩放到区间[0, 1]
B_01 = (B - B.min()) / (B.max() - B.min())
# 使用 minmax_scale 函数将变量 B 缩放到区间[0, 1]
B_01 = minmax_scale(B)
# 使用 MinMaxScaler 类,将变量 B 缩放至区间[0, 1]
minmaxs_scaler = MinMaxScaler()
B_01_scaler = minmaxs_scaler.fit_transform(boston[["B"]])
print ("缩放后 B 的分布\n 平均值:%f\n 标准差:%f\n 最大值:%f\n 最小值:%f"
    % (B_01_scaler.mean(),B_01_scaler.std(),
       B_01_scaler.max(),B_01_scaler.min()))
plt.plot(B_01_scaler)   # 折线图
plt.xlabel("Index")
plt.ylabel("Values of B_01_scaler")
plt.show()
plt.boxplot(B_01_scaler,labels="B") # 箱线图
plt.ylabel("Values of B_01_scaler")
plt.show()
```

代码执行结果 7.6

缩放后 B 的分布	
平均值:	0.898568
标准差:	0.229978
最大值:	1.000000
最小值:	0.000000

观察代码执行结果 7.6,缩放后的最大值和最小值分别为 1 和 0,从图 7.7 可以看到,变量 B 的分布形状没有改变。

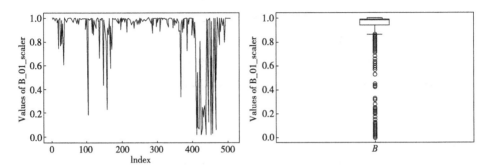

图 7.7　使用 MinMaxScaler 将变量 *B* 缩放至区间[0，1]

在 Min – Max 缩放方法中，可以通过设置 minmax _ scale ( ) 函数和 MinMaxScaler 模块的 feature_range 参数改变其缩放区间。该参数默认值为 (0,1)，在代码 7.9 中我们尝试将该参数赋值为(0,10)，并观察其缩放结果，见代码执行结果 7.7 和图 7.8。

代码执行结果 7.7 和图 7.8 显示，变量 *B* 的最大值和最小值变为 10 和 0，但其分布形状没有改变。使用这种方法，我们可以在不改变分布形状的情况下将数据缩放至任意指定区间范围的。

代码 7.9

```
# 使用 MinMaxScaler 类,将变量 B 缩放至任意区间[a, b]
minmaxs_scaler = MinMaxScaler(feature_range=(0,10))
B_ab_scaler = minmaxs_scaler.fit_transform(boston[["B"]])
print ("缩放后 B 的分布 \n 平均值:%f \n 标准差:%f \n 最大值:%f \n 最小值:%f"
    % (B_ab_scaler.mean(),B_ab_scaler.std(),
    B_ab_scaler.max(),B_ab_scaler.min()))
plt.plot(B_ab_scaler)    # 折线图
plt.xlabel("Index")
plt.ylabel("Values of B_ab_scaler")
plt.show()
plt.boxplot(B_ab_scaler,labels="B")  # 箱线图
plt.ylabel("Values of B_ab_scaler")
plt.show()
```

代码执行结果 7.7

缩放后 B 的分布	
平均值:	8.985678
标准差:	2.299778
最大值:	10.000000
最小值:	0.000000

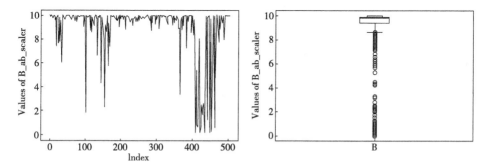

图 7.8　使用 MinMaxScaler 将变量 B 缩放至区间[0, 10]

　　在代码 7.10 中,我们使用 MinMaxScaler 模块将数据集 boston 中的所有变量缩放至区间[0,1],并调用该模块的 scale_、data_min_、data_max_ 三个属性输出这些变量的缩放尺度[①]、最小值和最大值(代码执行结果 7.8),并绘制了箱线图(图 7.9)。从输出结果看,所有变量都被缩放至区间[0,1]。

代码 7.10

```
# 使用 MinMaxScaler 类,将数据集中所有变量缩放至区间[0, 1]
mm_scaler = MinMaxScaler()
boston_01 = mm_scaler.fit_transform(boston)
print(pd.DataFrame({"Scale":mm_scaler.scale_,
                    "Min":mm_scaler.data_min_,
                    "Max":mm_scaler.data_max_},
                    index=boston.columns))
plt.boxplot(boston_01,labels=boston.columns,vert=False)
```

---

①　这里 MinMaxScaler 模块 scale_属性对应的尺度为 $(R_{max} - R_{min})/(X_{max} - X_{min})$。

续

```
plt.xlabel("Values of boston_01")
plt.show()
```

代码执行结果 7.8

	Scale	Min	Max
CRIM	0.011240	0.00632	88.9762
ZN	0.010000	0.00000	100.0000
INDUS	0.036657	0.46000	27.7400
CHAS	1.000000	0.00000	1.0000
NOX	2.057613	0.38500	0.8710
RM	0.191608	3.56100	8.7800
AGE	0.010299	2.90000	100.0000
DIS	0.090935	1.12960	12.1265
RAD	0.043478	1.00000	24.0000
TAX	0.001908	187.00000	711.0000
PTRATIO	0.106383	12.60000	22.0000
B	0.002522	0.32000	396.9000
LSTAT	0.027594	1.73000	37.9700
target	0.022222	5.00000	50.0000

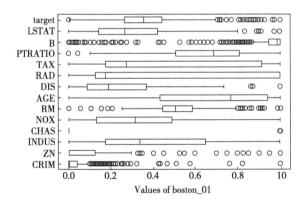

图 7.9 对波士顿房价数据集中所有变量 Mix-Max 缩放

7.2.4 Max-ABS 缩放

Max-ABS 缩放可以将变量缩放至区间$[-1,1]$,但是所采取的方式与 Min-

Max 缩放不同。Max−ABS 缩放的算法非常简单,变量的每个值除以变量绝对值的最大值即可,公式为

$$X_{scaled} = \frac{X}{|X|_{max}}$$

上式中,$|X|_{max}$ 为 X 绝对值的最大值。Max−ABS 缩放的作用是将数据直接压缩到区间 $[-1,1]$。需要注意的是,经过 Max−ABS 缩放后,数据的正负取决于其原值的正负,也就是说,这种方法不是将原数据的所有值整体缩放到区间 $[-1,1]$,而是将原值大于 0 的数据缩放到区间 $(0,1]$,将原值小于 0 的数据缩放到区间 $[-1,0)$,原值等于 0 的数据缩放后还为 0。

在代码 7.11 中,我们首先使用直接计算的方法对变量 B 进行了 Max−ABS 缩放。由于变量 B 的所有值均大于 0,因此笔者构造了一个新变量 B1,该变量将从变量 B 中随机抽取的 100 个值乘以−1,从而使得 B1 同时拥有正、负数的值。使用 scikit−learn 库中的 maxabs_scale() 函数对变量 B 和变量 B1 均进行了缩放,然后输出了两个变量缩放后的描述统计指标,包括样本数量(count)、均值(mean)、标准差(std)、最小值(min)、下四分位数(25%)、中位数(50%)、上四分位数(75%)和最大值(max)(见代码执行结果 7.9),并绘制了两个变量缩放前后的箱线图(图 7.10)。

代码 7.11

```
# 直接计算,将变量 B 缩放至区间[-1, 1]
B_ma = B / B.abs().max()
# 使用 maxabs_scale()函数将变量 B 缩放至区间[-1, 1]
B_ma = pd.Series(maxabs_scale(B))
# 随机抽取 100 个数据变成负数,然后再缩放至区间 [-1, 1]
B1 = copy.deepcopy(B)
index1 = B1.sample(n=100, random_state=0).index
B1[index1] = -1 * B1[index1]
B1_ma = pd.Series(maxabs_scale(B1))
print(round(pd.DataFrame({"缩放后的 B":B_ma.describe(),
                          "缩放后的 B1":B1_ma.describe()}),3))
plt.boxplot((B,B1),labels=("B","B1")) # 箱线图
plt.ylabel("Values of B & B1")
plt.show()
plt.boxplot((B_ma,B1_ma),labels=("B_ma","B1_ma")) # 箱线图
plt.ylabel("Values of B_ma & B1_ma")
plt.show()
```

代码执行结果 7.9

	缩放后的 B	缩放后的 B1
count	506.000	506.000
mean	0.899	0.553
std	0.230	0.746
min	0.001	-1.000
25%	0.946	0.429
50%	0.986	0.975
75%	0.998	0.996
max	1.000	1.000

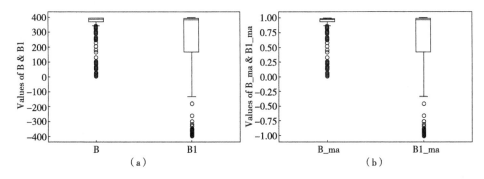

图 7.10　B、B1 的原始分布(a)和使用 Max-ABS 缩放后的分布(b)

从输出结果中可以观察到,不包含负数的变量 B 缩放后的结果仍然不包含负数,缩放后的结果分布在区间(0,1]内(请注意,缩放后变量 B 的最小值是0.001),而包含负数的变量 B1 缩放后的结果则分布在区间[-1,1]内。

在代码 7.12 中,展示了使用 MaxAbsScaler 模块对变量 B 和数据集 boston中所有变量进行 Max-ABS 缩放的方法。对变量 B 缩放的结果见图 7.11,可以发现原变量的分布形状仍然得以保留。

代码 7.12

```
# 使用 MaxAbsScaler 模块将变量 B 缩放至区间[-1, 1]
ma_scaler = MaxAbsScaler()
B_ma_scaler = ma_scaler.fit_transform(boston[["B"]])
plt.plot(B_ma_scaler)  # 折线图
```

续

```
plt.xlabel("Index")
plt.ylabel("Values of B_ma_scaler")
plt.show()
plt.boxplot(B_ma_scaler,labels="B")
plt.ylabel("Values of B_ma_scaler")
plt.show()
# 使用 MaxAbsScaler 模块将数据集中所有变量缩放至区间[-1, 1]
ma_scaler = MaxAbsScaler()
boston_ma = ma_scaler.fit_transform(boston)
print(pd.DataFrame({"Scale":ma_scaler.scale_,
                    "MaxABS":ma_scaler.max_abs_,},
                    index=boston.columns))
plt.boxplot(boston_ma,labels=boston.columns, vert=False)
plt.xlabel("Values of boston_ma")
plt.show()
```

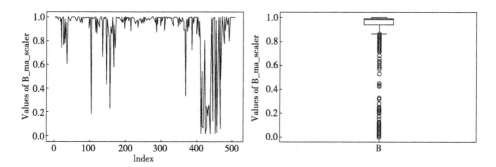

图 7.11　使用 MaxAbsScaler 对变量 B 缩放后的分布

对于数据集 boston,除了对其所有变量进行了 Max-ABS 缩放,还输出了 MaxAbsScaler 模块的 scale_属性和 max_abs_属性(代码执行结果 7.10),并绘制了箱线图(图 7.12)。

代码执行结果 7.10

	Scale	MaxABS
CRIM	88.9762	88.9762
ZN	100.0000	100.0000
INDUS	27.7400	27.7400

续

CHAS	1.0000	1.0000
NOX	0.8710	0.8710
RM	8.7800	8.7800
AGE	100.0000	100.0000
DIS	12.1265	12.1265
RAD	24.0000	24.0000
TAX	711.0000	711.0000
PTRATIO	22.0000	22.0000
B	396.9000	396.9000
LSTAT	37.9700	37.9700
target	50.0000	50.0000

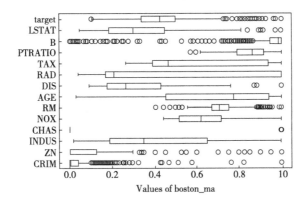

图 7.12　对波士顿房价数据集中所有变量 Max-ABS 缩放

从代码执行结果 7.10 中可以得知,Max-ABS 缩放的尺度就是变量绝对值的最大值。从图 7.12 中可以观察到,由于数据集 boston 中的所有变量均不包含负数,因此所有变量都被缩放到区间(0,1)内。

使用上一部分介绍的 Min-Max 缩放方法,如果将参数 feature_range 设定为 (-1,1)也可以实现将变量缩放到区间[-1,1]内的功能,但是其与 Max-ABS 缩放的效果是否相同? 能否互相替代? 下面我们通过代码 7.13 的实验来了解一下。

代码 7.13

```
# min_max 方法与 max_abs 方法的比较
# 生成 B2
B2 = copy.deepcopy(B)
```

续

```
index2= B2. sample(n=1, random_state=0). index
B2[index2] = -100
# 观察 B 和 B2 原值的分布
plt. boxplot((B,B2),labels=("B","B2"))
plt. ylabel("Values of B & B2")
plt. show()
# 分别对变量 B 用两种方法缩放
Bmm = minmax_scale(B,(-1,1))
Bma = maxabs_scale(B)
# 分别对变量 B2 用两种方法缩放
B2mm= minmax_scale(B2,(-1,1))
B2ma = maxabs_scale(B2)
plt. boxplot((Bmm,Bma,B2mm,B2ma),
labels=("Bmm","Bma","B2mm","B2ma"))
plt. show()
```

在代码 7.13 中,以变量 B 和新构造的变量 B2 作为测试对象,步骤为:

(1)建立新变量 B2,方法为从变量 B 中随机抽取一个位置,将其值改为-100;

(2)绘制箱线图观察变量 B 和 B2 的原始分布[图 7.13(a)];

(3)使用 minmax_scale(feature_range=(-1,1))函数对变量 B 和 B2 进行缩放,得到 Bmm 和 B2mm;

(4)使用 maxabs_scale()函数对变量 B 和 B2 进行缩放,得到 Bma 和 B2ma;

(5)绘制 Bmm、Bma、B1mm 和 B1ma 的箱线图[图 7.13(b)]。

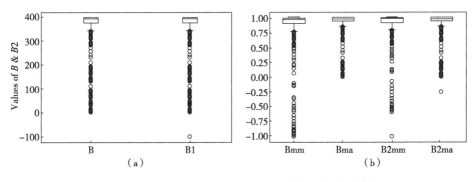

图 7.13　变量 B、B2 的原始分布(a)和用两种方法缩放后的结果(b)

观察图 7.13 可以发现，对于不包含负数的变量 B，Min-Max 缩放方法将其缩放到整个区间[-1,1]范围内；而 Max-ABS 缩放方法则仅仅将其缩放到大于零的区间(0,1)内。对于包含一个值为-100 的负数的变量 B2 来说，Min-Max 缩放方法仍然将其缩放到整个区间[-1,1]范围内，而且值-100 在缩放后转变为-1，其他值按比例缩放；而 Max-ABS 缩放方法虽然也将其缩放到区间[-1,1]范围内，但值-100 在缩放后转变为-100/396.9。从代码 7.13 的测试结果来看，Min-Max 缩放与 Max-ABS 缩放的效果明显不同，因而无法完全相互替代。

7.2.5 Robust 缩放

在 7.2.2 部分介绍数据标准化的结果时，提到变量 *B* 经过标准化后，部分结果的绝对值大于 3，可以视为异常值。变量中的异常值是数据预处理需要重点关注的内容之一，异常值的存在会对数据分析甚至是数据预处理本身产生影响。在不存在异常值或存在异常值但情况不严重时，标准化方法是适用的。但是如果变量的异常值情况比较严重，那么标准化方法就不再适用，需要使用本部分介绍的 Robust 缩放方法。

标准化方法之所以对异常值问题比较严重的变量不适用，是因为数据标准化算法需要用到的均值和标准差是两个极易受极端值影响的统计量，一旦数据中出现过大或过小的异常数据（即极端值），哪怕数量极少，都会令均值和标准差指标出现偏差，从而失去统计意义。

Robust[①] 缩放方法与标准化方法的理念相同，都是"首先中心化，然后除以尺度"。二者的区别是 Robust 缩放用不易受极端值影响但作用相近的中位数（Median）和四分位差（IQR）替代了均值和标准差，公式为

$$X_{scaled} = \frac{X - Median}{IQR}$$

为了观察 Robust 缩放与标准化方法的差异，我们在代码 7.14 中进行了一个实验，具体步骤为：

（1）生成包含异常值的变量 B3，具体方法为从变量 B 中随机抽取 10 个数据，并将其值乘以 5；

（2）使用 scikit-learn 库中的 scale() 函数对变量 B 和 B3 进行标准化，得到 B_std 和 B3_std；

（3）使用 scikit-learn 库中的 robust_scale() 函数对变量 B 和 B3 进行 Robust 缩放，得到 B_rob 和 B3_rob；

---

① Robust 可以直接音译为"鲁棒性"，也可以意译为"稳健性"，在数据分析领域其含义为对数据的分析或处理结果不易受其他因素干扰。

（4）调用 Series. describe( )方法输出 B、B3、B_std、B3_std、B_rob 和 B3_rob
的描述统计指标(见代码执行结果 7.11)；

（5）分别绘制未缩放时、标准化缩放时和 Robust 缩放时变量 B 和 B3 的箱
线图(图 7.14、图 7.15)。

代码 7.14

```
# 生成包含异常值的数据 B3
B3 = copy. deepcopy(B)
index3= B3. sample(n=10, random_state=0). index
B3[index3]= 5 *  B3[index3]
# 使用 scale 函数将变量 B 和 B3 标准化
B_std = pd. Series(scale(B))
B3_std= pd. Series(scale(B3))
# 使用 robust_scale 函数将变量 B 和 B3 标准化
B_rob = pd. Series(robust_scale(B))
B3_rob= pd. Series(robust_scale(B3))
print(round(pd. DataFrame({"B":B. describe(),"B3":B3. describe(),
                    "B_std":B_std. describe(),
                    "B3_std":B3_std. describe(),
                    "B_rob":B_rob. describe(),
                    "B3_rob":B3_rob. describe()}),3))
plt. boxplot((B,B3), labels=("B","B3"))
plt. show()
plt. boxplot((B_std,B3_std), labels=("B_std","B3_std"))
plt. show()
plt. boxplot((B_rob,B3_rob), labels=("B_rob","B3_rob"))
plt. show()
```

代码执行结果 7.11

	B	B3	B_std	B3_std	B_rob	B3_rob
count	506.000	506.000	506.000	506.000	506.000	506.000
mean	356.674	384.503	-0.000	-0.000	-1.668	-0.354
std	91.295	225.482	1.001	1.001	4.379	10.818
min	0.320	0.320	-3.907	-1.706	-18.761	-18.787
25%	375.378	376.058	0.205	-0.037	-0.770	-0.759

续

50%	391.440	391.880	0.381	0.033	0.000	0.000
75%	396.225	396.900	0.434	0.055	0.230	0.241
max	396.900	1984.500	0.441	7.103	0.262	76.412

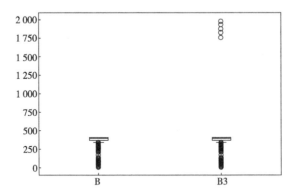

图 7.14 B 和 B3 原始数据的分布

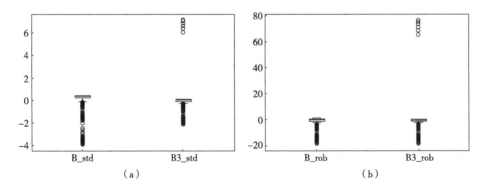

图 7.15 对 B 和 B3 标准化(a)和 Robust 缩放(b)的结果

仔细观察代码执行结果 7.11 可以发现,包含异常值的变量 B3,其均值明显大于变量 B,其标准差更是达到了变量 B 的近 2.5 倍。这仅仅是将变量 B 中的 10 个数据乘以 5 所制造出来的异常值的影响,其数量只占 506 个样本的不到 2%,充分说明了均值和标准差易受极端值影响。反观中位数(输出结果中"50%"对应的行)和四分位差(输出结果中"75%"对应的行与"25%"对应的行的差),在变量 B 和 B3 之间差异很小,说明它们不易受极端值影响。结合图 7.14 进一步观察,变量 B 和 B3 除了那 10 个极端异常值外,其他数据的分布形状是基本一致的,因此应当在数据特征缩放后保持这一特点。

继续观察输出结果,图 7.15(a)显示了使用标准化方法对变量 B 和 B3 缩放的效果,结合对代码执行结果 7.1 的观察可以发现,经过标准化后 B3 的最小值为-1.706,与 B 的最小值(-3.907)差异较大,在中位数上二者也有不小的差距。这说明原本分布差异很小的 B 和 B3(不到 2%的数据有差异),在标准化后变得完全不同了,这充分说明了标准化方法在面对异常值情况时效果不好。图 7.15(b)显示了使用 Robust 缩放方法对变量 B 和 B3 缩放的效果,可以很清楚地看到,经过缩放后,变量 B 和 B3 的分布形状没有改变,这显示了 Robust 缩放不受异常值影响的特性。

在代码 7.15 中演示了通过直接计算和使用 scikit - learn 库中的 RobustScaler 模块对变量 B 和数据集 boston 中所有变量进行 Robust 缩放的过程,调用模块的 scale_属性和 center_属性输出了这些变量的四分位差和中位数(代码执行结果 7.12),并绘制了箱线图(图 7.16)。

代码 7.15

```
# 直接计算
B_rob = (B - B.median()) / (B.quantile(0.75) - B.quantile(0.25))
# 使用 RobustScaler 模块将变量 B 标准化
rob_scaler = RobustScaler()
B_rob_scaler = rob_scaler.fit_transform(boston[["B"]])
# 使用 RobustScaler 模块将数据集中所有变量标准化
rob_scaler = RobustScaler()
boston_rob = rob_scaler.fit_transform(boston)
print(pd.DataFrame({"Scale":rob_scaler.scale_,
                    "Median":rob_scaler.center_},
                    index=boston.columns))
plt.boxplot(boston_rob,labels=boston.columns, vert=False)
plt.xlabel("Values of boston_rob")
plt.show()
```

观察图 7.16 并对比图 7.6 可以发现,Robust 缩放更倾向于保持异常值的"异常",而不像标准化方法有将异常值过度压缩的倾向,这点在变量 B 和变量 CRIM 上表现得尤其突出。

代码执行结果 7.12

	Scale	Median
CRIM	3.595038	0.25651
ZN	12.500000	0.00000

续

INDUS	12.910000	9.69000
CHAS	1.000000	0.00000
NOX	0.175000	0.53800
RM	0.738000	6.20850
AGE	49.050000	77.50000
DIS	3.088250	3.20745
RAD	20.000000	5.00000
TAX	387.000000	330.00000
PTRATIO	2.800000	19.05000
B	20.847500	391.44000
LSTAT	10.005000	11.36000
target	7.975000	21.20000

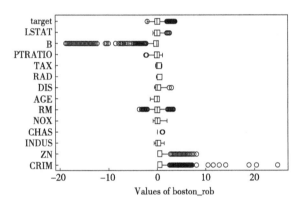

图 7.16　对波士顿房价数据集中所有变量 robust-scale 标准化

7.3　数据特征缩放的效果

　　上一节详细介绍了五种数据特征缩放的方法,本节以数据标准化方法为例进行一个实验,分别使用经过标准化和未经过标准化的数据建立主成分回归模型,展示数据特征缩放的效果(见代码 7.16)。

代码 7.16

```
train_x = boston.drop("target", axis=1)
train_y = boston["target"]
scaler= StandardScaler()
```

续

```
train_x_norm = scaler.fit_transform(train_x)
# 使用未标准化的数据,建立主成分回归模型,使用三个主成分
pca = PCA(n_components=3, random_state=0)
linear = LinearRegression()
linear.fit(pca.fit_transform(train_x), train_y)
mse = mean_squared_error(train_y,
linear.predict(pca.transform(train_x)))
print("未标准化主成分回归 MSE:%f" % mse)
# 使用标准化的数据,建立主成分回归模型,使用三个主成分
pca_norm = PCA(n_components=3, random_state=0)
linear_norm = LinearRegression()
linear_norm.fit(pca_norm.fit_transform(train_x_norm), train_y)
mse_norm = mean_squared_error(train_y,
linear_norm.predict(pca_norm.transform(train_x_norm)))
print("标准化主成分回归 MSE:%f" % mse_norm)
```

在代码 7.16 中主要进行了如下操作:

(1)建立测试集,以变量 target 为因变量得到 train_y,其余变量为 train_x;

(2)使用 StandardScaler 模块对 train_x 进行标准化,得到 train_x_norm;

(3)使用 scikit-learn 库的 PCA 模块基于未经过标准化的训练集自变量数据 train_x 建立主成分分析模型,并设置参数 n_components 的值为 3,即保留三个主成分;

(4)使用 scikit-learn 库的 LinearRegression 模块,使用主成分模型得到的三个主成分为自变量基于未标准化的数据建模,并计算模型的 MSE;

(5)与上一个步骤工作相同,但主成分分析时基于经过标准化的训练集自变量数据 train_x_normd 得到三个主成分,建立线性回归模型并计算模型的 MSE;

(6)输出两个模型的 MSE(见代码执行结果 7.13)。

代码执行结果 7.13

| 未标准化主成分回归 MSE: | 60.131748 |
| 标准化主成分回归 MSE: | 30.735145 |

对比两个主成分回归的 MSE 可以发现,使用标准化数据的主成分回归模型,要远优于使用未标准化数据的主成分回归模型。这是因为未标准化的数据

变量尺度的不同，导致求解主成分时，尺度大的变量会产生更多的方差贡献率，使得主成分失真。所以主成分回归需要先标准化，统一数据尺度。

本章练习

练习内容：使用本章所介绍的方法对以下数据集进行数据特征缩放处理。

数据集名称：New York City Airbnb Open Data。

数据集介绍：该数据集来自 Airbnb，主要描述了 2019 年纽约市 Airbnb 房源的情况，包含关于房主、地理区域等指标，可用于租金价格预测及相关分析。

数据集链接：https://www.kaggle.com/dgomonov/new-york-city-airbnb-open-data。

◆◆ 8 数据归约

◆ **学习目标:**

1. 了解数据归约的概念与意义;
2. 掌握使用统计量选择变量的方法;
3. 掌握使用决策树选择变量的方法;
4. 掌握使用 Lasso 算法选择变量的方法;
5. 掌握样本归约的方法;
6. 掌握伪自变量的识别方法。

8.1 概述

8.1.1 数据归约的概念

　　数据归约(data reduction)是指在尽量保持数据集原貌的前提下减少数据规模,从而提高运算效率。这里的"尽量保持数据集原貌"指的是在数据归约过程中,数据集中所包含的有价值信息不产生大的损失,对于分析结论不产生大的影响。数据归约有两种形式:一是维度归约(dimensionality reduction),即减少数据集中变量(列)的数量;二是数量归约(numerosity reduction),也可以称为样本归约,即减少数据集中样本(行)的数量。

　　维度归约通常有两个思路:一是变量选择,即直接删除分析价值较低的变量;二是变量合并,即将类似变量合并成为一个变量。两个思路都有很多实现方式,变量选择可以基于相关系数等简单统计量或一些模型等实施;变量合并可以使用主成分分析等方式实现。本书将主要介绍变量选择的方法。

　　数量归约是指从所有样本中选择一个有代表性的子集,因此也称为样本归约。根据数据科学研究的经验,模型预测准确度并不会总是随着样本数量的增加而同步增加,往往会在样本量达到一定量级后稳定在一个水平。因此,如果能够找到这一"足够的样本量",则可以在保证较高预测精度的同时,大幅降低样本量,从而提高效率。

数据归约是预处理的重要环节，其对于数据分析的意义在于：

第一，可以降低无效、错误数据对数据建模的影响，提高建模准确性；

第二，大幅缩减模型的训练时间，在需要反复训练模型的场景下能够极大地提高建模效率；

第三，可以降低数据存储的空间成本；

第四，属性归约可以减少维度数量，从而适应一些建模算法的需求。

8.1.2 本章使用的代码库和数据集

在本章中使用信用卡欺诈检测数据集来演示数据归约相关操作，代码8.1~代码8.3给出了相关的操作方法。

在代码8.1中给出了本章会使用到的各代码库。

在代码8.2中进行了如下操作：

(1)读取信用卡欺诈检测数据集；

(2)使用 scikit-learn 库中的 train_test_split() 函数将数据集切分为训练集train 和测试集 test；

(3)由于信用卡欺诈检测数据集中作为因变量的 Class 是一个典型的不平衡数据，因此使用了第 6 章介绍过的 imbalanced-learn 库中的向下抽样函数RandomUnderSampler() 按照 1∶2 的比例对训练集进行数据配平，得到配平后的训练集 train_b；

(4)为了方便后续建模操作，对配平后的训练集和测试集进行了进一步变量抽取，形成了用作因变量的 train_y 和 test_y，以及用于自变量的 train_x 和test_x。

代码 8.1

```
import pandas as pd
import numpy as np
import copy
import time
from scipy. stats import pearsonr, spearmanr, f_oneway
from imblearn. under_sampling import RandomUnderSampler
from sklearn. ensemble import GradientBoostingClassifier
from sklearn. linear_model import Lasso
from sklearn. model_selection import train_test_split
from sklearn. metrics import roc_auc_score
import matplotlib. pyplot as plt
```

代码 8.2

```
# 读取信用卡欺诈检测数据集,并切分为训练集和测试集
credit= pd. read_csv(
r"/Users/Taoren 1/CaseData/creditcard. csv",
    header=0, encoding="utf8")
# 切分训练和测试集
train, test= train_test_split(
    credit,test_size=0.3, random_state=0,
    stratify=credit["Class"])
# 对训练集平衡抽样,采用第6章的向下抽样方法
random_u_s = RandomUnderSampler(sampling_strategy=0.5,
                                random_state=0)
x, y= random_u_s. fit_resample(X=train. drop("Class", axis=1),
                               y=train["Class"])
train_b = pd. DataFrame(np. column_stack((x, y)),
                       columns=train. columns). astype(train. dtypes)
# 划分自变量和因变量
train_x, train_y = train_b. drop("Class",axis=1),train_b["Class"]
test_x, test_y = test. drop("Class",axis=1),test["Class"]
```

为了能够形象地展示数据归约对数据建模的意义,在代码 8.3 中使用未进行数据归约的全部数据建立了 GBDT 模型,该模型将作为比较基准,通过与后文使用的各种方法进行数据归约后再建立的模型进行比较来反映数据归约的效果。

模型的对比主要基于三个方面:

(1)自变量个数,反映数据归约的直接结果;

(2)训练耗时,反映数据归约对于建模效率的影响;

(3)模型的 AUC,反映数据归约对模型预测能力的影响。

代码 8.3 主要完成了以下三个方面的工作:

(1)使用 time 库中的 time()函数获取系统时间,并在模型建立之后再次调用该函数,并计算得到模型训练耗时 duration;

(2)使用 scikit-learn 库中的 GradientBoostingClassifier()函数,基于训练集数据建立 GBDT 模型 model_all,设定随机种子 random_state 为 0;

(3)使用 scikit-learn 库中的 roc_auc_score()函数,基于测试集数据计算模型的 AUC 值。

代码 8.3

```
# 使用训练集的全部变量训练 GBDT 模型
start= time.time()
model_all = GradientBoostingClassifier(random_state=0)
model_all.fit(X=train_x, y=train_y)
duration= time.time() - start
# 在测试集上计算全模型的 AUC,作为实验对照
auc_all = roc_auc_score(y_true=test_y,
y_score=model_all.predict_proba(test_x)[:,1])
print("model_all 自变量个数:%d \nmodel_all 训练耗时:%f 秒 \nmodel_all 的
AUC:%f" % (train_x.shape[1], duration, auc_all))
```

这段代码的输出结果见代码执行结果 8.1,可以看到,使用全部数据的 model_all 有 30 个自变量,模型训练耗时为 0.34 秒①,模型的 AUC 为 0.979。

代码执行结果 8.1

```
model_all 变量个数:      30
model_all 训练耗时:      0.335380 秒
model_all 的 AUC:        0.978633
```

8.2　变量选择

本节介绍常用的变量选择方法。在进行变量选择时需要遵循的原则是剔除的变量必须对数据分析影响较小,因此本节所介绍的几种变量选择方法都是以变量对数据分析的影响程度为主要选择依据的。具体包括使用统计量、决策树模型和 Lasso 算法。

---

① 读者可能感觉这一训练已经非常快了,是否还需要进行数据归约? 事实上,由于该数据集的因变量是不平衡分类变量,因此我们用向下抽样的方式进行了数据配平,此举大大降低了训练集样本量(1 000 多个),因此训练耗时较短。本章所介绍的数据归约方法,在训练集数据量较大时,能够体现其作用。还需要读者注意的是,模型的训练耗时计算与计算机的性能等诸多因素有关,读者在自行尝试类似操作时会得到不同的耗时结果。

8.2.1 使用统计量选择变量

8.2.1.1 使用相关系数选择变量

相关系数是度量两个变量之间相关程度的统计量。常用的有 Pearson 相关系数和 Spearman 相关系数。变量 X 和 Y 的 Pearson 相关系数的定义为

$$r = \frac{\sum (x_i - \bar{x})(y_i - \bar{y})}{\sqrt{\sum (x_i - \bar{x})^2 \cdot \sum (y_i - \bar{y})^2}}$$

其中，x_i、y_i 分别为变量 X 和 Y 的第 i 个样本，$\bar{x}$、$\bar{y}$ 为它们的样本均值。

变量 X 和 Y 的 Spearman 相关系数其实是等级变量之间的 Pearson 相关系数。等级指的是每个原始数据依据其在变量中的降序位置，被分配了一个等级。最大的值等级为 1，其次等级为 2，依此类推。若令 R_i、S_i 分别为变量 X 和 Y 的第 i 个等级，$\bar{R}$、$\bar{S}$ 为其平均等级，则变量 X 和 Y 的 Spearman 相关系数可以表示为

$$r_s = \frac{\sum (R_i - \bar{R})(S_i - \bar{S})}{\sqrt{\sum (R_i - \bar{R})^2 \cdot \sum (S_i - \bar{S})^2}}$$

无论是 Pearson 相关系数还是 Spearman 相关系数，其值均在 $[-1,1]$ 之间分布，当其值为 0 时两个变量不相关，当其值为 1 或 -1 时，表示两个变量完全正相关或完全负相关，相关系数的绝对值越大，说明两个变量的相关性越强。

在代码 8.4 中，分别计算了每个变量与因变量 Class 的 Pearson 相关系数和 Spearman 相关系数[①]，并将两个相关系数的绝对值均高于 0.5 的变量保留下来，其余变量由于相关系数较低被剔除。需要指出的是，这里将"0.5"作为筛选标准，其依据来自经验。后文中读者会看到，经过变量选择，进一步提高了模型的 AUC，因此说明这一筛选标准可行。在实际操作中，读者可能需要进行多次试验，以确定更加合理的筛选标准。

这段代码中具体执行的操作包括：

（1）建立 pearson 和 spearman 两个序列，使用 for 循环，调用 scipy. stats 库中的 pearsonr( ) 和 spearmanr( ) 两个函数分别计算 train_x 中的每个变量与 train_y 的两种相关系数，存入上述两个序列中；

（2）使用"与"运算，得到满足"在 pearson 和 spearman 两个序列中绝对值同

---

① 在本章例子中，因变量 Class 为 0-1 型变量，其实质为定性变量，严格说计算 0-1 型变量与其他变量的相关系数是不合理的，但是本例仅利用相关系数进行变量筛选，且从实际效果看还不错。在实际应用时，该方法更适用于因变量和自变量均为连续型变量的情况。

时大于 0.5"这一条件的逻辑值序列 var_cor；

(3)将序列 var_cor 中值为 true 的元素的索引值①提取出来，这即是需要保留的变量名。

代码 8.4

```
# 计算训练集每一列与因变量的 Pearson 和 Spearman 相关系数
pearson = pd. Series (name="pearson correlation")
spearman= pd. Series (name="spearman correlation")
for i in train_x:
    pearson[i] = pearsonr(train_y, train_x[i])[0]
    spearman[i] = spearmanr(train_y, train_x[i])[0]
# 查找两个相关系数的绝对值同时大于 0.5 的变量
var_cor = (pearson. abs () > 0.5) & (spearman. abs () > 0.5)
var_cor = var_cor[var_cor]. index   # 提取变量名
print(pd. DataFrame ((pearson,spearman)). T)
print("\n 与因变量相关性较强的自变量为：\n%s" % var_cor. values)
```

经过上述操作，得到了序列 var_cor，该序列中记录了保留下来的变量，从而实现了使用相关系数进行变量选择。相关系数计算结果和保留的变量见代码执行结果 8.2。

代码执行结果 8.2

	pearson correlation	spearman correlation
Time	-0.188031	-0.185691
V1	-0.474460	-0.510973
V2	0.507948	0.580620
V3	-0.609180	-0.666171
V4	0.734643	0.724957
V5	-0.434133	-0.391585
V6	-0.384953	-0.420068
V7	-0.537650	-0.581558
V8	0.043739	0.266340
V9	-0.585058	-0.571609

---

① 即序列 var_cor 的 index 属性，由于 var_cor 是前述"与"运算的结果，因此其索引与 pearson 和 spearman 两个序列的索引相同，都是数据集的变量名。

续

V10	-0.676888	-0.676969
V11	0.716269	0.679308
V12	-0.735139	-0.712462
V13	-0.049714	-0.031367
V14	-0.792759	-0.735624
V15	-0.067896	-0.059152
V16	-0.658762	-0.589776
V17	-0.635135	-0.543016
V18	-0.528036	-0.428010
V19	0.296641	0.268582
V20	0.173247	0.285183
V21	0.153023	0.415342
V22	-0.015611	0.012551
V23	-0.031182	-0.079948
V24	-0.109599	-0.134457
V25	0.037242	0.074822
V26	0.043844	0.054060
V27	0.099345	0.356051
V28	0.104593	0.258743
Amount	0.109410	-0.065648

与因变量相关性较强的自变量为:
['V2' 'V3' 'V4' 'V7' 'V9' 'V10' 'V11' 'V12' 'V14' 'V16' 'V17']

为了了解这次变量选择对于数据建模的作用,在代码 8.5 中,再次建立了 GBDT 模型 model_cor,与代码 8.3 所建立的 model_all 不同的是,model_cor 中的自变量仅包括了 var_cor 中的变量。模型结果见代码执行结果 8.3。

代码 8.5

```
# 使用相关系数筛选出的变量训练 GBDT 模型
start= time.time()
model_cor = GradientBoostingClassifier(random_state=0)
model_cor.fit(X=train_x[var_cor], y=train_y)
duration= time.time() - start
# 在测试集上计算 AUC
```

续

```
auc_cor = roc_auc_score(
y_true=test_y,
y_score=model_cor.predict_proba(test_x[var_cor])[:, 1])
print("model_cor 自变量个数:%d \nmodel_cor 训练耗时:%f 秒 \nmodel_cor 的
AUC:%f" % (var_cor.size, duration, auc_cor))
```

代码执行结果 8.3

model_cor 自变量个数:	11
model_cor 训练耗时:	0.148105 秒
model_cor 的 AUC:	0.981351

从代码执行结果 8.3 可以看到,model_cor 保留了 11 个自变量,与 model_all 相比剔除了 19 个自变量;模型的训练耗时为 0.15 秒,明显低于 model_all 的 0.34 秒的耗时;同时 model_cor 的 AUC 为 0.981,也高于 model_all 的 0.979,这主要是因为剔除无关变量后,降低了模型过拟合,因此在测试集有更优表现。上述结果说明以相关系数为依据进行变量选择是可行且成功的。

8.2.1.2 使用方差分析的 F 检验结果选择变量

方差分析(analysis of variance,ANOVA)是用于检验两组或多组数据间样本均值的差异是否显著的方法,其检验形式是 F 检验。若检验结果是显著的,则说明不同组别的数据间具有明显的差异。方差分析的结果可以用于变量选择,以信用卡欺诈检测数据集为例(见代码 8.6),其步骤如下:

(1)建立 anova 和 anova_sig 两个序列,分别记录各变量 F 检验的 P 值以及 P 值是否小于 0.01;

(2)使用 for 循环,每次循环中以 train_x 中的一个变量为操作对象,令因变量 Class 为分组变量对其分组,调用 scipy. stats 库中的 f_oneway( )函数进行方差分析的 F 检验,并将其 P 值记录下来;

(3)将 P 值小于 0.01 的变量保留下来,得到 var_anova,作为变量选择的结果。

代码 8.6

```
anova = pd. Series(name="P-value")
anova_sig = pd. Series(name="P<0.01")
for i in train_x:
```

续

```
    group_0 = train_x[i][train_y.eq(0)]    # 创建 Class=0 的变量 i 数组
    group_1 = train_x[i][train_y.eq(1)]    # 创建 Class=1 的变量 i 数组
    anova[i] = f_oneway(group_0, group_1)[1]    # 执行 anova,并记录 p 值
# 查找 P 值小于 0.01 的变量
anova = anova.to_frame()
anova = anova.join(anova_sig)
anova["P<0.01"] = anova["P-value"] < 0.01
var_anova = anova["P-value"][anova["P<0.01"]].index
print(anova)
print("\nF 检验 P<0.01 的自变量为：\n%s" % var_anova.values)
```

需要指出的是,本例以 0.01 作为筛选标准,是因为 0.01 是常用的显著性水平之一,读者根据实际情况也可以选择其他的显著性水平。经过代码 8.6 的运算,每个变量方差分析的结果和最终选择的变量见代码执行结果 8.4。

代码执行结果 8.4

	P-value	P<0.01
Time	9.006037e-07	True
V1	6.278613e-37	True
V2	4.694729e-46	True
V3	3.750628e-68	True
V4	5.523351e-115	True
V5	8.126628e-30	True
V6	1.575437e-30	True
V7	5.721484e-49	True
V8	2.565135e-02	False
V9	5.985823e-63	True
V10	1.408717e-93	True
V11	1.174289e-109	True
V12	6.237088e-121	True
V13	9.146669e-02	False
V14	2.318652e-151	True
V15	1.199061e-01	False
V16	7.356350e-88	True
V17	9.186617e-76	True

续

V18	3.079632e-49	True
V19	1.786558e-11	True
V20	8.666346e-07	True
V21	3.028723e-03	True
V22	5.016853e-01	False
V23	1.252082e-01	False
V24	8.506750e-04	True
V25	1.968624e-01	False
V26	5.630144e-01	False
V27	1.208051e-01	False
V28	2.038282e-04	True
Amount	3.380020e-02	False

```
F 检验 P<0.01 的自变量为:
['Time' 'V1' 'V2' 'V3' 'V4' 'V5' 'V6' 'V7' 'V9' 'V10' 'V11' 'V12'
' 'V14' 'V16' 'V17' 'V18' 'V19' 'V20' 'V21' 'V24' 'V28']
```

观察代码执行结果 8.4,这次保留了 21 个自变量。在代码 8.7 中,利用这 21 个自变量训练 GBDT 模型 model_anova,从代码执行结果 8.5 中可以看到,训练耗时 0.17 秒,模型 AUC 为 0.980,无论是建模效率还是预测效果均优于 model_all。

代码 8.7

```
# 使用 anova 筛选出的变量训练 GBDT 模型
start= time.time()
model_anova = GradientBoostingClassifier(random_state=0)
model_anova.fit(X=train_x[var_anova], y=train_y)
duration= time.time() - start
# 在测试集上计算 AUC
auc_anova = roc_auc_score(
y_true=test_y,
y_score=model_anova.predict_proba(test_x[var_anova])[:, 1])
print("model_anova 自变量个数:%d \nmodel_anova 训练耗时:%f 秒 \nmodel_
anova 的 AUC:%f" % (var_anova.size, duration, auc_anova))
```

代码执行结果 8.5

```
model_anova 自变量个数:21
model_anova 训练耗时:0.172599 秒
model_anova 的 AUC:0.980372
```

8.2.2 使用决策树模型选择

决策树(Decision Tree)模型[1]是最基础的机器学习算法,该算法形象地以树状结构建立模型,再现了人类决策的过程。决策树具有建立过程直观易理解、便于可视化、应用范围广等一系列优点,同时也存在不能保证得到全局最优决策树、容易形成复杂结构从而过拟合等缺点。在实际应用时,我们一般不会单独使用决策树模型,而是将其作为集成学习算法的基学习器,如本书常用到的GBDT 算法、XGBoost 算法等。

在建立决策树时,需要根据信息熵(information entropy)、基尼指数(Gini index)等指标来度量自变量的不纯度(impurity),然后确定自变量纳入决策树的顺序,越早进入决策树的自变量对于因变量而言越重要。决策树的这一特点可以帮助我们确定自变量的重要性。

在代码 8.3 中,使用 scikit-learn 库的 GradientBoostingClassifier( ) 函数建立了包含所有变量的 GBDT 模型 model_all。在代码 8.8 中,我们提取了 model_all 的 feature_importances 属性,它度量的是变量在 GBDT 模型所包含的所有决策树上的平均重要性。然后根据该属性的数值,我们提取了大于 0.01 的 8 个变量,其变量名被保存在 var_tree 中。

代码 8.8

```
# 使用全部变量建立的 GBDT 模型,提取变量的重要度
feature_imp = pd.Series(model_all.feature_importances_,
                        index=train_x.columns)
# 取重要度最大的 8 个变量
var_tree = feature_imp.sort_values(ascending=False).head(8).index
print("变量重要性排序: \n",feature_imp.sort_values(ascending=False))
print("\n 重要度较高的自变量为: \n%s" % var_tree.values)
```

---

[1] 决策树模型的详细信息读者可阅读机器学习模型的相关资料。

代码 8.8 的运行结果见代码执行结果 8.6。从执行结果中可以观察到，变量 V14 对因变量 Class 的重要性远高于其他变量，变量 V4 和 V10 也相对比较重要，其他变量的重要性就相对较低了。基于这一结果，在某些情况下以牺牲一点预测精度为代价，进一步将自变量限定在 V14、V4 和 V10 内，可以在保证预测精度大致不降低的情况下进一步提高预测效率[①]。

代码执行结果 8.6

```
变量重要性排序：
V14        0.773242
V4         0.058358
V10        0.052499
V12        0.016799
V7         0.014724
V20        0.014188
V22        0.012592
V21        0.011489
V26        0.006035
V3         0.005292
V1         0.004744
V19        0.002866
V11        0.002779
V2         0.002698
V15        0.002690
Amount     0.002563
V17        0.002526
V16        0.002402
V8         0.002019
Time       0.001968
V27        0.001748
V13        0.001106
V25        0.000991
V5         0.000985
V23        0.000905
V9         0.000742
```

① 在建模过程中，变量数量（即模型复杂度）与预测精度是相互矛盾的，因此读者在实际操作时需要综合考虑平衡模型复杂度与预测精度的关系。

续

```
V24          0.000578
V6           0.000239
V18          0.000140
V28          0.000090
dtype: float64

重要度较高的自变量为:
['V14' 'V4' 'V10' 'V12' 'V7' 'V20' 'V22' 'V21']
```

在代码 8.9 中,基于 var_tree 建立了模型 model_tree,并观察了该模型的自变量个数、训练耗时和 AUC。输出结果见代码执行结果 8.7。

代码 8.9

```
# 使用筛选出的 6 个重要变量训练 GBDT 模型
start = time.time()
model_tree = GradientBoostingClassifier(random_state=0)
model_tree.fit(X=train_x[var_tree], y=train_y)
duration = time.time() - start
# 在测试集上计算 AUC
auc_tree = roc_auc_score(
y_true=test_y,
y_score=model_tree.predict_proba(test_x[var_tree])[:,1])
print("model_tree 自变量个数:%d \nmodel_tree 训练耗时:%f 秒 \nmodel_tree
的 AUC:%f" % (var_tree.size, duration, auc_tree))
```

代码执行结果 8.7

```
model_tree 自变量个数:        8
model_tree 训练耗时:          0.103249 秒
model_tree 的 AUC:           0.982312
```

从执行结果可以观察到,model_tree 的训练耗时仅为 0.10 秒,模型的 AUC 也进一步提升到 0.982,这一结果不但优于 model_all,还优于 model_cor 和 model_anova 是目前关于信用卡欺诈检测数据集最好的数据归约方案。

8.2.3　使用 Lasso 算法选择变量

　　Lasso 算法①是一种收缩(shrink)算法,全称为 Least absolute shrinkage and selection operator。该算法是对普通最小二乘法(OLS)的改进,其主要思想是在模型自变量系数绝对值之和小于某一给定常数的约束下,最小化残差平方和,从而使一些系数严格等于 0,实现变量的选择。从另一个角度理解,Lasso 算法相当于为普通最小二乘法加上一个包含调节系数的惩罚项,从而控制模型中变量的数量。

　　在代码 8.10 中使用 Lasso 算法进行变量选择,具体步骤如下:

　　(1)首先使用 scikit-learn 库中的 Lasso()函数,基于所有自变量进行训练。其中参数 alpha 为调节系数,其值越大选入的变量越少,在本例中设定为 0.03;

　　(2)提取变量参数并将其存入序列 coef;

　　(3)剔除系数为 0 的变量,余下变量的变量名存入 var_lasso。

　　上述算法的结果见代码执行结果 8.8。从运行结果可以看到,多数变量的系数收缩为 0,只有 9 个变量的系数不等于 0,这些变量就是被选择出来的变量。需要注意的是,这一结果是在参数 alpha 设定为 0.03 时得到的,读者可以尝试将 alpha 设定为其他值,以获取不同的变量选择结果。

代码 8.10

```
# 建立 Lasso 模型,正则惩罚项 alpha 越大,选入的变量越少
lasso= Lasso(alpha=0.03, random_state=0)
lasso.fit(train_x, train_y)    # 使用全部训练集训练 LASSO 模型
coef = pd.Series(lasso.coef_, index=train_x.columns) # 提取回归系数
var_lasso = coef[coef.ne(0)].index   # 取得回归系数不等于 0 的变量名
print("Lasso 模型回归系数:\n",coef)
print("\nLasso 模型筛选出的自变量为:\n%s" % var_lasso.values)
```

代码执行结果 8.8

```
Lasso 模型回归系数:
Time          -1.430945e-07
V1            -2.049938e-03
V2             5.753377e-03
V3            -0.000000e+00
```

---

　　①　关于 LASSO 算法的详细内容读者可阅读相关材料。

续

```
V4              3.423208e-02
V5              0.000000e+00
V6             -0.000000e+00
V7             -0.000000e+00
V8             -4.484684e-03
V9              0.000000e+00
V10            -2.383363e-03
V11             0.000000e+00
V12            -0.000000e+00
V13            -0.000000e+00
V14            -6.360190e-02
V15            -0.000000e+00
V16             0.000000e+00
V17             0.000000e+00
V18             2.489120e-03
V19            -0.000000e+00
V20             0.000000e+00
V21             0.000000e+00
V22             0.000000e+00
V23            -0.000000e+00
V24            -0.000000e+00
V25            -0.000000e+00
V26            -0.000000e+00
V27            -0.000000e+00
V28             0.000000e+00
Amount          2.452717e-04
dtype: float64
```

Lasso 模型筛选出的自变量为：

```
['Time' 'V1' 'V2' 'V4' 'V8' 'V10' 'V14' 'V18' 'Amount']
```

在代码 8.11 中,基于 var_lasso,建立了模型 model_lasso,并观察了该模型的自变量个数、训练耗时和 AUC。输出结果见代码执行结果 8.9。

代码 8.11

```
# 使用筛选出的重要变量训练 GBDT 模型
```

续

```
start= time. time ()
model_lasso = GradientBoostingClassifier(random_state=0)
model_lasso. fit(X=train_x[var_lasso], y=train_y)
duration= time. time () - start
# 在测试集上计算 AUC
auc_lasso = roc_auc_score(
y_true=test_y,
y_score=model_lasso. predict_proba(test_x[var_lasso])[:, 1])
print("model_lasso 自变量个数:%d \nmodel_lasso 训练耗时:%f秒 \nmodel_
lasso 的 AUC:%f" % (var_lasso. size, duration, auc_lasso))
```

从执行结果可以观察到,model_lasso 的训练耗时为 0. 15 秒,模型的 AUC 为 0. 980,这一结果优于 model_all,说明通过 Lasso 算法选择变量,可以改善模型的建模效率和预测精度。

代码执行结果 8. 9

model_lasso 自变量个数：	9
model_lasso 训练耗时：	0. 145002 秒
model_lasso 的 AUC：	0. 980285

8. 3 样本归约

在上一节介绍了变量选择的方法,通过降低数据集维度的方式实现数据归约。本节介绍如何合理地降低样本数,从而减少数据量,提高模型的建模效率。

对于数据建模来说,样本量总是多多益善的。但是样本量的增加并不会一直以相同的速度提高模型的预测精度,而会在达到某一个样本量之后令模型预测精度呈现缓慢增长甚至停止增长。因此如果能够找到这一"足够的样本量",则可以避免因添加过多对提高预测精度无意义的数据而造成系统资源的浪费。

在代码 8. 12 中使用绘图的方式找出这一"足够的样本量",具体步骤如下:

(1)生成序列 result 用于存储不同样本容量下 GBDT 模型的 AUC,该序列的 index 与后续 for 循环的循环变量 i 一致;

(2)建立 for 循环,循环变量从 50 开始,每次增加 10,一直达到训练集 train_b 所包含的最大数据量为止;

（3）在每次循环中使用 DataFrame. sample( ) 函数对训练集 train_b 进行样本容量为 i 的随机抽样；

（4）使用抽样得到的数据训练 GBDT 模型，计算其在测试集上的 AUC，并根据本次循环中循环变量 i 的值将 AUC 记录到 result[i] 中；

（5）将序列 result 使用 plot. line( ) 绘制成为折线图。

代码 8.12

```
result= pd. Series(index=range(50, train_b. shape[0], 10))
for i in range(50, train_b. shape[0], 10):
    sample= train_b. sample(n=i,random_state=0)
    train_x,train_y = sample. drop("Class",axis=1),sample["Class"]
    m= GradientBoostingClassifier(random_state=0)
    m. fit(X=train_x,y=train_y)
    result[i] = roc_auc_score(y_true=test_y,
y_score=m. predict_proba(test_x)[:,1])
# 将结果画在一张折线图里
result. plot. line()
plt. xlabel("number of samples")
plt. ylabel("AUC")
plt. show()
```

代码 8.12 绘制出的折线图如图 8.1 所示。从图中可以清晰地观察到，随着样本量增加，模型的 AUC 也在增加，当样本量增加到 600 以上时，模型的 AUC 趋于稳定，这说明再继续增加样本也不能明显提升模型的 AUC。

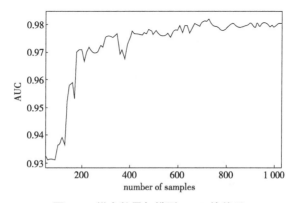

图 8.1　样本数量与模型 AUC 的关系

为了观察样本归约对数据建模的影响,在代码 8.13 中建立了两个模型。第一个模型单纯地进行了样本归约,对训练集进行了容量为 700 的抽样,并训练了 GBDT 模型,观察了模型的训练耗时和 AUC;第二个模型所做的工作与第一个模型基本相同,区别在于除了进行样本归约以外,还基于代码 8.8 得到的结果,即使用决策树选择出的自变量进行了维度归约,以便进一步观察其对于训练耗时和模型 AUC 的影响。这段代码的输出结果见代码执行结果 8.10。

代码 8.13

```
# 对训练集进行容量为 700 的随机抽样
sample= train_b.sample(n=700,random_state=0)
train_x,train_y = sample.drop("Class",axis=1),sample["Class"]
start= time.time()
m= GradientBoostingClassifier(random_state=0)
m.fit(X=train_x,y=train_y)
duration = time.time() - start
auc_m = roc_auc_score(y_true=test_y,
y_score=m.predict_proba(test_x)[:,1])
print("抽样后,使用所有变量建模: \n 模型训练耗时:%f 秒 \n 模型的 AUC:%f" %
(duration, auc_m))
# 同时对训练集进行容量为 700 的随机抽样和使用树模型对变量进行筛选
start= time.time()
m= GradientBoostingClassifier(random_state=0)
m.fit(X=train_x[var_tree], y=train_y)
duration = time.time() - start
auc_m = roc_auc_score(y_true=test_y,
y_score=m.predict_proba(test_x[var_tree])[:,1])
print("\n 抽样后,使用树模型筛选得到的变量建模: \n 模型训练耗时:%f 秒 \n 模型
的 AUC:%f" % (duration, auc_m))
```

代码执行结果 8.10

```
抽样后,使用所有变量建模:
模型训练耗时:      0.228413 秒
模型的 AUC:        0.980654

抽样后,使用树模型筛选得到的变量建模:
```

续

模型训练耗时:	0.086090 秒
模型的 AUC:	0.981437

从输出结果可以看出,仅进行样本归约时,训练耗时为 0.23 秒,模型 AUC 为 0.981,均优于 model_all 的 0.34 秒的训练耗时和 0.979 的模型 AUC 水平。而当同时进行样本归约和维度归约时,模型的训练耗时更是进一步降到了 0.086 秒,不但优于 model_all 的 0.34 秒,还优于之前训练耗时最快的 model_tree 的 0.10 秒。而在模型 AUC 方面,该模型依然达到了 0.981,与 model_tree 的 0.982 相差无几。上述结果说明,同时对样本和维度进行归约,可以大幅提高模型的训练速度,同时维度归约还剔除掉了无关变量的干扰,有利于进一步提高预测精度。

8.4 伪自变量①的识别与影响

在建立数据模型过程中,我们需要首先确定研究对象(即因变量),然后确定自变量。这里需要特别关注因变量与自变量间的因果逻辑问题:应该是自变量的变化导致因变量的变化,而不是相反。如果有一个变量,其本身是受因变量影响的(即它不但不是因变量的影响因素,反而因变量是它的影响因素),若该变量被作为自变量添加入模型,则会造成其他自变量不能进入模型。同时,由于这类变量是依附于因变量存在的,因此在模型实际应用时会发现得不到这些变量的数据,从而使得模型无法真正应用②。对于这样的变量笔者将其称为"伪自变量"。

因为伪自变量对于数据建模具有巨大危害,因此需要在预处理阶段予以识别并剔除。代码 8.14 继续以信用卡欺诈检测数据集为例,构造一个伪自变量,并展示识别方法以及其对数据建模的影响。

代码 8.14

```
c = copy.deepcopy(credit)
c.insert(30, "fraud_days",
```

---

① "伪自变量"并不是一个标准的学术概念,而是笔者根据这类变量的特点自行命名的。

② 在模型建立阶段,我们通常将一个数据集切分为训练集和测试集。这时在测试集中伪自变量与其他自变量一样是有数据的,因此可以正常建模。然而当我们将模型投入实际预测时,由于因变量数据是未知的,因此这些伪自变量的数据同样未知,这样就导致所建模型无法应用。

续

```
            c["Class"]* np. random. randint(low=1, high=100,
                                      size=c. shape[0]))
train, test= train_test_split(c, test_size=0.3,
                              random_state=0,
                              stratify=c["Class"])
random_u_s = RandomUnderSampler(sampling_strategy=0.5,
                                random_state=0)
x, y= random_u_s. fit_resample(X=train. drop("Class", axis=1),
                               y=train["Class"])
train_b = pd. DataFrame(np. column_stack((x, y)),
                        columns=train. columns). astype(train. dtypes)
train_x, train_y = train_b. drop("Class", axis=1),train_b["Class"]
test_x, test_y = test. drop("Class", axis=1), test["Class"]
# 使用训练集的全部变量,包括逾期天数训练 GBDT 模型
model_f = GradientBoostingClassifier(random_state=0)
model_f. fit(X=train_x, y=train_y)
auc_f = roc_auc_score(y_true=test_y,
                      y_score = model_f. predict_proba (test_x) [:,
1])
print("包含伪自变量的模型 AUC:%f" % auc_f)
feature_imp = pd. Series(model_f. feature_importances_,
                         index=train_x. columns)
print("\n 变量重要性排序: \n",
      feature_imp. sort_values(ascending=False))
print("\n 重要度大于 0 的变量:%s"
      % train_x. columns[feature_imp > 0]. tolist())
```

信用卡欺诈检测数据集的因变量为 Class,当 Class = 1 时表示该信用卡持卡人出现了还款逾期行为。若存在一个变量 fraud_days,表示持卡人在发生了逾期行为后一共逾期了多少天。那么显然,只有 Class = 1 的人会有 fraud_days > 0,其他人的 fraud_days = 0。如果将 fraud_days 当作自变量建模,则其就是典型的伪自变量。

代码 8.14 展示了 fraud_days 的构造方法和伪自变量的识别操作,具体步骤如下：

(1)在数据集中添加新的序列 fraud_days,并对于 Class = 1 情况在 1~100 间随机取整数值作为逾期天数,对于其他情况一律取值为 0；

（2）与代码 8.2 所作工作类似,切分训练集与测试集,然后对训练集进行数据配平,之后训练出包含变量 fraud_days 的 GBDT 模型 model_f;

（3）观察 model_f 中每个变量的重要性和模型的 AUC。

上述操作的结果见代码执行结果 8.11。

代码执行结果 8.11

```
包含伪自变量的模型 AUC:1.000000

变量重要性排序:
fraud_days        1.0
V14               0.0
V1                0.0
V2                0.0
V3                0.0
V4                0.0
V5                0.0
V6                0.0
V7                0.0
V8                0.0
V9                0.0
V10               0.0
V11               0.0
V12               0.0
V13               0.0
V15               0.0
Amount            0.0
V16               0.0
V17               0.0
V18               0.0
V19               0.0
V20               0.0
V21               0.0
V22               0.0
V23               0.0
V24               0.0
V25               0.0
```

续

```
V26                    0.0
V27                    0.0
V28                    0.0
Time                   0.0
dtype: float64


重要度大于 0 的变量:[' fraud_days' ]
```

观察输出结果,模型 model_f 的 AUC 为 1,实现了完美预测。但是这个"完美"的结果对于数据建模而言却往往不是好现象,它意味着模型中出现了能够"完美解释"因变量的自变量。进一步观察 model_f 各变量的重要性,发现我们构造出来的变量 fraud_days 的重要性为 1,其他变量都为 0,这说明在 model_f 中只有变量 fraud_days 在起作用,其他变量都被排除在模型之外。结合我们之前构造变量 fraud_days 的过程,读者可以很容易理解为何模型能够实现在测试集上完美预测(因为 fraud_days > 0 正是由 Class = 1 导致的)。所以可以判断出,变量 fraud_days 为伪自变量,它造成 model_f 毫无意义,因此应当在建模时予以剔除。

本章练习

练习内容:使用本章所介绍的方法对以下数据集进行数据归约处理。

数据集名称:New York City Airbnb Open Data。

数据集介绍:该数据集来自 Airbnb,主要描述了 2019 年纽约市 Airbnb 房源的情况,包含关于房主、地理区域等指标,可用于租金价格预测及相关分析。

数据集链接:https://www.kaggle.com/dgomonov/new – york – city – airbnb – open-data。